쉽고 재미있게 풀어 쓴 세상 속 지리 이야기

이민부 지음

(전 대한지리학회 회장 | 한국교원대학교 교수)

이민부의 지리블로그

지구, 환경 그리고 우리의 터전

살림Friends

지리와 환경,
인간의 아름다운 공생을 꿈꾸며

　현대 사회는 빠르게 변하고 있고, 이것은 우리의 삶과 공간에 그대로 반영되고 있습니다. 이러한 변화는 '진화'라는 것으로 설명될 수도 있겠으나, 그것을 바라보는 우리들의 눈길에는 긍정적 평가와 부정적 평가가 공존하고 있습니다.

　이 책은 우리들의 삶이 이루어지고 있는 지리적인 공간에 이러한 변화들이 어떻게 반영되고 있는가를 담은 책입니다. 자연지리학자의 눈으로 변화된 공간의 모습과, 우리를 둘러싼 자연 및 인문 환경에 미친 영향 그리고 지역과 국가, 세계가 적응하고 있는 모습들을 기술하고 설명하려 했습니다. 즉, 인간에 의한 환경의 변화, 환경에 대한 인간의 적응과 갈등, 변화하는 환경이 우리의 삶에 주는 영향과 더불어 우리가 앞으로 나아갈 방향에 대해 생각하고자 한 것입니다. 또한 정치와 경제 등 현재의 공간 속에서 일어나고 있는 현실적인 이슈와 모습들도 지리학적인 측면과 연결하여 다루었습니다. 이런 면에서 일반교양과 대학교재, 논술 자료 등으로 이 책이 다양하게 활용될 수 있기를 바랍니다.

이 책은 그간 대한지리학회, 그리고 다양한 전공을 가진 필자의 오랜 친우들이 운영하는 홈페이지 등 몇몇 인터넷 사이트에 올린 것들을 바탕으로 다듬은 것입니다. 친우들로부터는 일반교양의 입장에서, 또 지리학을 함께 논의하는 동학들로부터는 전문가의 입장에서 글에 대한 여러 감상과 다양한 의견들을 많이 전달받았습니다. 이 자리를 빌려 격려와 건설적인 비판 모두에 대해 감사를 드립니다.

우리가 일하고 살림을 사는 삶터가 더 살 만해야 하고 오랫동안 유지되어야 한다는 약간의 강박감, 이에 따른 지역과 공간과 장소와 환경을 연구하는 지리학자의 의무감이 글을 쓰는 동안 작동한 바가 없지 않습니다. 그러나 읽는 이에 따라 이 책이 여러 가지 방식으로 도움이 되기를 기대합니다. 책의 내용에 있을지 모르는 오류들은 모두 필자의 책임입니다.

『이민부의 지리 블로그』의 집필은 연구년이었던 지난 1년간 가진 여유 시간과 연구비 지원 덕분에 가능했습니다. 필자가 재직 중인 한국교원대학교와 지리교육학과에 감사드립니다. 책의 출간을 맡아 준 살림출판사와 원고 정리 및 교정, 장정까지 맡아 준 장윤정 선생에게도 고마움을 전합니다.

2009년 2월 방이동 서재에서

이민부

1부
기후와 자연현상 속 지리 이야기

2부

지켜야 할 환경 속 지리 이야기

3부

경제와 도시 속 지리 이야기

1

기후와 자연현상 속 지리 이야기

왜 해마다 수해는 반복되는 것일까?
눈은 어떤 문화와 산업을 만들어 냈을까?
제주도는 물난리 안전지역일까?
지구의 대기에도 시스템이 있다?
태풍과 사이클론, 어떻게 다를까?
잔잔했던 파도가 갑자기 사람들을 덮친 이유는?
습지, 과연 쓸모 없는 땅일까?
쓰촨성의 지진으로 호수가 생겨났다고?
봄비, 가을비는 있는데 왜 '여름비'는 없을까?

왜 해마다 수해는 반복되는 것일까?

여름마다 일어나는 물난리

　　사계절이 뚜렷한 우리나라에서는 여름엔 비가, 겨울에 눈이 내린다. 그렇다면 여름의 강우량과 겨울의 강설량 중 어느 쪽이 더 많을까? 정답은 여름의 강우량이다. 아무리 눈이 많이 온다고 해도 그것을 실제로 녹이면 그 양은 많지 않기 때문이다

　　계절별로 바람과 강수량의 차이가 심한 몬순 기후(monsoon climate)의 영향을 받는 우리나라는 여름 한철에 1년 강우량의 절반을 얻는다. 장마와 태풍, 소나기 등 여름이면 많은 비가 내리고, 어느 곳에선가는 반드시 물난리가 난다.

　　여름의 물난리는 우리나라에서 연례행사처럼 일어나는 재해이다. 물

난리라 함은 그저 비가 많이 내린다는 뜻이 아니라 많은 비로 인명과 재산상의 피해를 입는 것을 말한다. 물론 우리나라만 그런 것은 아니다, 미국, 인도, 유럽, 중국, 인도네시아와 필리핀 등 동남아시아의 많은 나라들도 물난리를 겪고 있다.

이러한 물난리는 왜 일어나는 것일까? 단순히 비의 양이 많다는 것도 문제지만 지형적인 영향도 무시할 수 없다. 비가 다가올 때 높은 산지를 만나면 그것을 넘지 못하고 그 사면에 비를 대폭 뿌리게 되는데, 상대적으로 산 너머의 지역은 비가 적어지며 건조해진다. 이렇듯 산지 사면이나 산정 부분에 특히 많은 비가 내리는 것을 지형성 강우(orographical precipitation)라 한다.

그런데 어쩐지 비는 해를 거듭할수록 점점 더 많이 내리는 것 같다. 이는 지구온난화와 관계가 있다. 지구가 사용하는 에너지가 늘어나 온난화 현상이 일어남에 따라 지표면과 해수면의 온도가 상승했음은 물론, 빙하가 녹는 등의 이상 현상으로 인해 해수면도 높아지고 바다의 면적도 늘어났다.

이는 곧 '비가 오면 이전보다 더 많이 올 가능성이 있음'을 뜻한다. 지구의 물이 증발·상승하여 응결하면 비가 되는데, 이 물의 양이 늘어나면 비의 양 또한 늘어나기 때문이다. 이것은 전 지구에 걸쳐서 일어나고 있는 현상이다.

다양한 목적의 댐 |

물난리가 일어나면 심심치 않게 등장하는 것이 댐 건설에 관한 논란이다. 댐은 쉽게 말해 하천에 둑을 쌓아 물을 가두는 것인데, 목적에 따라 댐의 종류도 매우 다양하다.

우선 자연적으로 형성된 댐의 종류부터 살펴보자. 강에 사는 비버(beaver)는 흐르는 물에 나뭇가지로 댐을 만들어 주거지로 삼는데, 이것을 비버댐이라 한다. 또한 산사태로 인해 자연적으로 생긴 사태댐은 계곡을 메움으로써 상류의 물줄기를 막아 버린다.

이 외에도 용암이 흘러 지류를 막아서 만들어진 용암댐, 빙하 퇴적물이 계곡을 메워서 만들어진 빙하댐(빙하호의 대부분이 이렇게 만들어진다) 등이 있다. 우리나라의 자연호로 알려진 창녕의 우포와 김해의 주남 저

1944년에 완공된 압록강 수풍댐. 수력 발전용으로 만들어졌으며 길이는 900m, 높이는 106.4m이고 발전량은 54만kW이다.

수지 등은 상류의 토사가 지류를 메워서 만들어진 것으로, 말하자면 자연제방댐이다. 해안 매립도 긴 제방으로 이루어지는 경우가 많은데 이 경우는 해안 매립댐이라 지칭한다. 낙동강과 금강처럼 하구언, 하구둑으로 불리는 것들도 역시 댐의 한 종류라 할 수 있다.

그렇다면 인공댐으로는 어떠한 것들이 있을까? 가장 간단한 것으로는 농업용 저수지 댐이 있고, 물의 흐름을 늦추어 고이게 함으로써 뱃놀이를 즐기거나 경관용 호수와 유사한 모습을 만들고자 하는 목적으로 지어진 수중보(水中洑)가 있다. 사방(沙防)댐은 토사가 흘러내리지 않게 하기 위해 만든 댐으로, 흙은 막고 물은 흘러내리도록 댐의 중간에 구멍을 내는 것이 특징이다. 그러나 토사가 댐의 상류 부분을 모두 메우면 댐이 제 역할을 하지 못하므로 토사를 다시 파내는 준설(浚渫) 작업을 해야 한다. 우리나라의 경우에는 산불로 삼림이 훼손된 강원도의 산간 지역에서 토사가 유출되는 일이 잦아지면서 급사면 계곡에 사방댐을 많이 만들고 있다.

양수댐도 있다. 심야에 이용되지 않는 전기로 물을 끌어올려 전기 사용이 많은 낮 동안에 수력 발전을 하기 위한 댐이다. '시간차 발전'이라고 할 정도로 절묘한 아이디어인데, 많은 산간의 계곡들이 침수되고 삼림이 훼손되는 문제를 발생시키기도 한다.

전쟁 시 물을 가두어 두었다가 갑자기 터뜨려서 적을 공격하기 위해 임시로 만드는 수공(水攻)댐도 있다. 살수대첩에서 을지문덕 장군이 이 방법을 사용하였고, 사실인지 아닌지는 확인되지 않았지만 한때 북한의

기후와 자연현상 속 지리 이야기

금강산댐도 수공용일지 모른다는 추측이 제기되기도 했다.

여러 댐 중에서 우리에게 가장 익숙한 것은 아마도 다목적댐일 것이다. 수력 발전도 하고, 농·공업에 필요한 수자원도 얻을 수 있으며, 홍수와 가뭄을 조절하고 관광 산업에도 도움이 된다. 댐 자체가 도로 역할을 하기도 하니 이름 그대로 참 목적이 많은 댐이다.

끝없는 개발 계획과 공사가 물난리를 키운다

이렇듯 다양한 댐이 많이 건설되어 있는데 왜 물난리는 해마다 일어나는 것일까? 이를 이해하기 위해 먼저 댐의 유무와 상관없이 비가 많이 내리는 경우만을 생각해 보자.

상류부터 내려오는 큰 본류의 물이 불어나면 보통 때에는 본류로 접어들던 작은 지류들의 물들이 갈 곳을 잃어버림은 물론, 심한 경우에는 본류의 물이 지류로 역류하기도 한다. 이 때문에 지류의 분지(盆地)와 하곡(河谷, 하천이 흐르는 골짜기), 범람원(汎濫原) 등은 고스란히 물에 잠기고 만다. 이를 내수범람(內水汎濫)이라 하는데, 장마 때 흔히 볼 수 있는, 물이 빠져나가야 하는 하수구에서 거꾸로 물이 솟아나는 것과도 같은 원리이다. 불행한 것은 우리나라 내륙의 소도시나 군청 소재지 등 인구 밀집 지역은 거의 하천이 교차하는 지점이나 범람원, 분지에 형성되어 있기 때문에 물난리가 났을 경우 그 규모가 작지 않다는 점이다.

그래서 사람들은 댐을 짓기 시작했다. 상류에 댐을 많이 세우면 물의

경북 고령 부근에 있는 낙동강 범람원. 인공제방·농경지로 변한 범람원과 인공제방으로 막혀 형성된 저습지가 보인다.

흐름을 늦출 수 있고, 따라서 중하류에서의 물난리를 막을 수 있기 때문이었다. 그럼에도 불구하고 댐 건설 후에도 물난리가 사라지지 않는 이유는 인공댐의 몇 가지 특성과 관계가 있다.

일반적으로 인공댐의 건설은 그 지역의 지형과 기후, 식생 등 지리적인 조건을 대폭 바꾸는 일이기도 하다. 물이 늘어나니 안개일수는 늘어나고 일조시간은 줄어든다. 겨울에 댐 저수지의 물이 얼면 태양열을 반사하여(거울 효과) 지역의 온도를 떨어뜨리고, 그에 따라 생태계 역시 바뀐다.

그러나 인공댐의 건설과 관계된 가장 큰 위험은 그것이 해당 지역의 지질과 지형적인 특성을 제대로 반영하지 못했을 경우에 생긴다. 단층대, 풍화대, 파쇄대 등 지반이 연약한 곳임을 제대로 파악하지 못하고 댐을 건설하면 무너질 가능성이 있고, 그러한 경우가 곧 대형 참사로 이어지는 것이다.

어디 댐뿐이랴. 우리는 그간 엄청난 산지와 계곡을 깎고 메우며 아파트와 신도시, 도로 등을 참으로 많이 만들었다. 그 결과 생활은 많이 윤택해졌지만, 한편으로는 어떤 일이 발생하였을까?

경사지에 도로를 내는 경우를 생각해 보자. 도로를 만들려면 우선 바닥을 평평하게 해야 한다. 그러니 할 수 없이 도로 예정지의 위로 경사진 부분은 깎고[절토(切土)] 반대쪽은 쌓고 높여서[성토(盛土)] 길을 만든다. 좁은 도로보다 넓은 도로를 만들 때에는 당연히 더 많이 깎고 더 많이 쌓는다. 깎은 곳은 경사가 급해지고, 쌓은 곳은 아무래도 다짐이 약하고 엉성하다. 비가 많이 내리면 빗물은 이렇게 토양의 틈을 따라 들어가는데, 흙으로 이루어진 성토 부분이 물을 많이 머금어 죽과 같은 상태가 되면 흘러내리기 시작한다. 이를 활동 현상(滑動現象, liquefaction)이라 하는데, 흘러내리는 양이 많고 또 속도가 빠르면 그것이 곧 사태가 되어 도로와 시설과 인근 가옥들을 순식간에 매몰시킨다.

중력의 법칙에 의해 물이 아래로 흘러내리는 것처럼, 흙 또한 마찬가지이다. 콘크리트 등의 토목공사 방법으로 절토·성토 부분이 무너지는 것을 막을 수는 있다. 그러나 공사가 엉성하면 당장 무너져 내리고 만다.

흙이나 모래 따위를 쌓아 올릴 때 안정된 경사면을 이루는 각도를 안식각(安息角, angle of repose)이라 한다. 모래보다는 거친 자갈, 둥근 돌보다는 모가 많이 난 돌의 안식각이 크다. 그러나 그 물질이 유지할 수 있는 사면각, 즉 안식각보다 가파르게 경사진 지면을 만들면 어떤 일이 벌어질까? 지진, 눈사태, 삼림 벌채 등의 충격이 가해지거나 물이 주입될 때 토사는 무너지고 흘러내리며, 주저앉거나 미끄러지면서 각도를 완만히 하려고 한다. 이는 지나치게 솟은 곳은 깎고 낮은 곳을 메우려는, 지극히 당연한 자연의 움직임이다.

'잊는 민족'과 '잊지 못하는 민족'

영어로 'civil engineering'이라고 하는 토목공학은 도시화, 산업화와 관련하여 우리의 삶을 윤택하고 행복하게 만드는 학문이다. 그러나 도로와 집을 지을 때는 해당 지역의 여러 지리적인 특성을 살펴야 한다. 지질 층리의 경사면, 암석의 경연(硬軟, 단단함과 무름), 하천의 범람 범위, 삼림의 보호 방법, 토양의 특성, 강수량과 강설량 등의 기후적 특성 등을 따져서 공사하면 그 지역의 안정도를 높일 수 있기 때문이다.

그런데 우리의 현실은 어떤가? 골프장이나 스키장 건설을 위해 삼림을 훼손하고, 하천 관리도 제대로 이루어지지 않는다. 상습적으로 물에 잠기는 곳은 그저 습지로 두어야 하는데도 이러저러한 개발을 한다. 그러면서 물난리를 막는다며 꼼꼼한 지형 조사도 없이 댐을 세우는 것을 논의한다. 그러나 댐은 부분적인 예방책은 될지 몰라도 근본적인 방법은 될 수 없다.

도로도 마찬가지이다. 최근 건설된 고속도로와 일반 국도들을 살펴보

기후와 자연현상 속 지리 이야기

자. 무조건 직선으로 도로 계획선을 긋고, 도로의 폭도 넓히며, 계곡을 만나면 다리를 놓고, 산을 만나면 무너뜨리거나 터널을 뚫는다. 지형에 맞게 곡선으로 만들어졌던 과거의 도로들을 다시 직선으로 펴고 있으니, 당연히 깎고 높이는 토양의 면적도 늘어난다. 지형과 지질 조건을 많이 고려하지 못하는 것은 물론, 하루 빨리 완공하고자 하는 욕심에 공사를 서두르기도 한다.

물론 여러 것들을 다 따져 가며 공사하면 돈과 시간이 많이 든다. 지진과 단층대가 통과하는 곳인가 하는 문제에 대한 학자들의 견해가 분분하고, 내진 설계와 공사에도 많은 비용이 들기 때문이다. 그럼에도 불구하고 이것은 그 지역의 향후 안정성을 위해 반드시 선행되어야 한다. 그러니 꼭 해야 하는 공사인지를 면밀히 따진 후, 해야 하는 것이라면 처음부터 조심스럽고 꼼꼼한 조사 과정을 거쳐야 한다. 지금까지처럼 공사하고, 무너지고, 다시 고치고, 다시 무너져서 또 공사하는 식으로 끝없이 토목 사업이 이루어진다면 토목 회사는 번창할지 몰라도 장기적으로는 모두 손해이다. 물론 성실 시공은 기본이다.

물난리는 태고 이래로 인간의 삶을 위협해 왔다. 풍수지리설도 따지고 보면 이러한 자연재해들을 방지할 수 있는 좋은 위치에 집터를 잡기 위해 발전한 지리 이론이다. 이제는 과거보다 더 좋은 기술과 방법, 장비들이 있으니 보다 더 나은 곳에 집을 짓고, 그래서 피해 규모도 줄여야 하지 않을까?

비가 그치고 하늘이 맑아지면 사람들은 언제 물난리가 났었는지조차

곧잘 잊는다. 그러나 '잊는 사회와 민족'과 '잊지 못하는 사회와 민족'의 차이는 무섭다. 어쩔 수 없이 겪는 물난리도 있지만, 인간의 부주의로 발생하거나 커지는 피해의 규모 또한 엄청나다는 것을 우리는 기억해야 한다. 잊지 못하는 이들은 해결책을 찾기 위해 노력하지만, 잊는 이들은 그 문제를 고스란히 되풀이하며 살아갈 수밖에 없기 때문이다.

TIP

* 몬순 기후(monsoon climate) : 주로 동아시아와 남아시아에서 나타나는 계절풍기후를 말한다. 습윤한 해양의 영향을 받는 여름은 우계(雨季)가 되고, 차고 건조한 대륙의 영향을 받는 겨울은 건계(乾季)가 된다.
* 분지(盆地, basin) : 주위는 산지로 둘러싸여 있고 그 안은 평평한 지역. 위치에 따라서 산간 분지, 내륙 분지로 나뉘거나 생성 원인에 따라 침식 분지, 퇴적 분지 등으로 나뉜다. 우리나라에는 차별 침식에 의한 춘천분지·해안분지 등이 있다.
* 파쇄대(破碎帶, fracture zone) : 작은 단층이 많이 생기면서 암석이 잘게 부서진 곳. 침식, 붕괴가 빠르게 진행되며, 토목공사를 할 때 사고의 원인이 되기도 한다. 점토가 씻겨 내려가면 지하수의 통로를 이루게 된다.

기후와 자연현상 속 지리 이야기

02

눈은 어떤 문화와 산업을
만들어 냈을까?

눈, 어떤 지형에서 많이 내릴까? |

　　　　　　　　　　겨울이라는 계절의 멋은 아무래도 눈이 와야 살아난다. 추운 것도 잊고 눈싸움에 여념이 없는 아이들, 눈 오는 거리에서 팔짱을 끼고 걷는 연인들을 보면 눈이 내리지 않는 겨울은 그다지 멋이 없을 것 같다고 절로 느껴진다.

　　그러나 무엇이든 과하면 모자람만 못한 법, 비가 많으면 물난리가 일어나듯 눈이 지나치게 많이 내려도 피해가 속출한다. 특히 최근 들어 많이 형성된 비닐하우스 재배 지역과 간이 축사 건물 등은 갑자기 폭설이 밀어닥칠 경우에는 쌓이는 눈의 무게를 이기지 못하고 주저앉아 버리고 만다.

몇 해 전에는 전라북도 지방에 큰 눈이 내렸다. 당시의 일기도를 중심으로 원인을 정리해 보면 ① 중위도 편서풍대로서 북서풍의 영향이 지속되었고, ② 겨울철의 시베리아 고기압이 발달하여 남쪽으로 확장하였으며, ③ 고기압 중심부의 기온이 낮아서 상대적으로 따뜻한 서해안 바닷물의 증발을 촉진하며 기류는 습해졌고, ④ 그 기류가 덕유산과 지리산의 거대한 산지를 통과하면서 습기는 눈으로 바뀌어 지형성 강설(地形性降雪)이 내린 것으로 판단된다. 다시 말해, 북서쪽에서 다가오는 기류는 서해를 지나면서 많은 습기를 머금고, 습기를 머금은 기류가 산지를 만나면 산지를 따라 오르는 강제상승(强制上昇)이 일어난다. 이때 기류가 상승하면 기류의 온도는 떨어지면서 수증기가 응결하여 물이나 얼음이 되는 것이다.

산지지역에서는 이렇게 수분(수증기, 물, 눈, 얼음 모두를 포함)이 응결하여 겨울철에 많은 눈이 내린다(우리나라에서 눈이 많이 오는 지역을 찾아보면 거의 모두 높은 산지들이 포함되어 있음을 알 수 있다). 따라서 상대적으로 산지 너머의 지역에서는 당연히 눈도 오지 않고, 기온은 높으며 수분 공급이 없기 때문에 건조하다.

이러한 조건이 보다 심해지면 비그늘(rain shadow) 사막이 된다. 햇빛의 그늘이 해를 막아서 생기는 것처럼 비그늘은 이러한 지형적 조건이 '비를 막는다'는 의미로 붙여진 용어인데, 이러한 비그늘 사막의 대표적인 예로는 중국의 타클라마칸 사막, 미국의 모하비 사막 등이 있다.

기후와 자연현상 속 지리 이야기

미국 모하비 사막에 위치한 염호인 소다 호(Soda Lake)가 말라 바닥을 드러내고 있다.

눈 많은 겨울이 만들어 낸 문화와 산업 |

우리나라의 동해안에서 내륙으로 들어오는 기류도 많은 눈을 내린다. 그러나 우리나라의 1년 강수 패턴을 보면, 겨울에 눈이 많이 내린다 해도 장마와 태풍 등의 영향으로 연중 강수량의 절반 정도는 여름에 집중적으로 몰려 있음을 알 수 있다. 그러나 이에 대비되어 예외로 여겨지는 곳이 있으니, 바로 울릉도이다. 울릉도는 겨울철의 끝없는 편서풍으로 인한 지형성 강설이 워낙 많기 때문에 겨울철 강수량 역시 높고, 따라서 연중 비교적 고른 강수 패턴을 보인다. 이런 기후적 특징에 맞게 우데기와 투막집, 설피(雪皮) 등 울릉도에는 눈에 적응하기 위한 가옥과 문화도 발달했다. 지금은 이들이 현대

울릉도의 전통민가인 투막집. 겨울철에 많은 눈의 피해를 막기 위해 지붕은 억새풀로 촘촘히 막았고, 우데기로 외벽을 감쌌다.

적인 시설로 거의 사라지고 축제와 관광용으로만 남아 있다.

울릉도와 독도를 지나 일본으로 향하는 기류는 동해를 건너는 동안 많은 수분을 머금게 되고, 일본의 혼슈〔本州〕에 도달하면 산맥에 부딪쳐 역시 많은 눈을 뿌린다. 이 지역은 스키장과 온천장 등이 밀집해 있어 일본의 겨울 관광 산업을 이끄는 곳이다. 노벨문학상을 수상한 일본의 작가 가와바타 야스나리〔川端康成〕는 이들 지역을 설국(雪國)이라고 불렀다. 그의 소설 『설국』의 무대는 혼슈 중부 니가타현의 유노사와〔湯澤〕온천장이다. 그가 이곳에 휴양차 장기간 머물면서 많은 답사와 관찰을 통해 눈과 관련된 지역적 특성을 기록으로 남긴 것이 소설이 된 것이다.

『설국』을 읽다 보면 울릉도처럼 이곳에도 눈과 관련된 생활과 문화가

발달해 있음을 알 수 있다. 눈에 적응한 게이샤의 복장, 긴 겨울을 지내는 동안 발달한 지지미(ちぢみ, 눈에 말리는 비단) 산업, 강기〔雁木〕라 하여 가옥의 지붕에서 도로 쪽으로 길게 연결되어 겨울에는 눈을 막고 여름에는 비를 막는 처마, 도로 맞은편과 가운데 도로에 눈이 쌓여서 통행이 두절될 경우 연락하기 위한 '태내(胎內) 빠지기'라고 하는 터널 등이 나온다.

4년에 한 번씩 열리는 동계 올림픽의 개최지는 당연히 겨울철에 눈이 많은 지역 중에서 선택된다. 우리나라의 김동성 선수가 미국의 오노에게 부당하게 금메달을 빼앗겼던 동계 올림픽 개최지가 솔트 레이크 시티(Salt Lake City)이다.

이 지역은 여름철에 매우 건조한 반건조 지대이다. 그러나 겨울이 되면 알래스카 연안에서 발달한 기류가 북서쪽에서 다가오면서 로키 산맥에 많은 눈을 뿌린다. 10월 즈음부터 내린 눈은 이듬해 4월까지 이어지는데, 근 6개월 동안 내려 쌓인 눈은 봄철부터 녹으며 이 지역에 생활용수, 농업용수와 공업용수를 공급한다. 따라서 겨울철에 적설량이 적으면 물 부족 현상이 심해진다. 또한 봄에 기온이 급작스럽게 상승하면 봄철 홍수가 나기도 한다. 1984년에도 한 호수의 수위가 높아져 호변의 도시와 계곡들이 침수되었던 사례가 있었다.

많은 건조 지역에서는 이처럼 산지에 쌓인 눈과 물을 수원지(水源池)로 하며 평지까지 흘러오는 하천 덕분에 농업이 가능하다. '젖과 꿀이 흐른다'는 표현을 낳은 중동의 요르단 강과 갈릴리 호는 레바논 산맥에서 기원하고, 메소포타미아 문명을 이루었던 이라크의 유프라테스 강과 티그리스 강은 터키 동부의 아라라트 산지에 기원을 두고 있다. 겨울눈은 아니지만 이집트의 나일 강도 남쪽 상류의 아비시니아 고원에서 발원하고, 미국의 콜로라도 강도 로키 산맥에 기원을 둔다. 이 모두가 건조 지역을 적시는 하천 오아시스들이다.

눈과 더불어 살아가는 지혜 |

이쯤에서 눈의 경제학(economics of snow)을 살펴보자. 스키장과 온천장 형성, 겨울철의 지표 보온 효과, 다가올 봄과 여름의 용수 공급 등 눈은 여러모로 쓸모가 많다. 또한 눈이 오면 스노타이어 등의 차량용품 산업도 성수기를 맞이하고, 눈이 많은 지역에서는 눈이 내리지 않는 아열대 지역의 사람들을 대상으로 관광 상품을 개발하기도 한다. 중국 하얼빈의 국제빙설축제, 일본 삿포로의 눈축제가 대표적인 예이다.

물론 눈이 내림에 따라 생기는 안 좋은 점도 있다. 눈은 녹아 흐르는 것이 아니라 내리는 대로 쌓이는 것이므로, 그 무게를 이기지 못하는 지형이나 건물은 내려앉아 버린다. 눈은 처음 내릴 때는 매우 가벼워서 비중이 0.04퍼센트에 불과하지만, 계속 쌓이면 무게에 눌려서 비중이 높아지고 전체 무게도 늘어난다.

때문에 눈이 많이 오는 지역은 지붕의 경사가 가파르다. 눈이 지붕에 쌓이는 것을 막기 위함이다. 갑자기 폭설이 내리면 비닐하우스와 같은

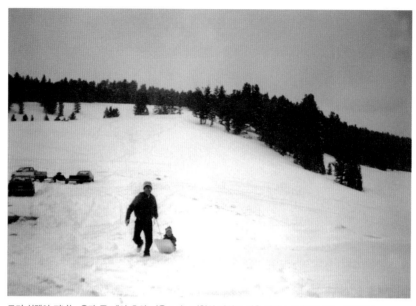

로키 산맥이 지나는 유타 주 베어 호의 겨울 모습. 지형성 강설로 겨울 내내 눈에 덮여 있는 지역이다.

약한 건물의 지붕은 쉽게 내려앉아 많은 피해가 발생한다. 지형성 강우 지역이라 함은 항상 눈이 많은 지역을 의미한다.

　겨울의 폭설과 지구온난화는 관계가 없을까? 지구온난화는 전 세계적으로 기후 패턴에 영향을 미친다. 세계의 일반적인 기존 강수량과 기온의 공간적, 시간적 분포가 혼란스러워지는 것도 그 한 예이다. 가뭄, 홍수, 고온과 한파 등 기상 현상의 변화가 갈수록 극단적으로 심해지는 혼란스러운 상황이기 때문에, 어느 장소에서 어느 정도의 기상 현상이 일어날 것인가에 대한 예측이 점차 어려워진다.

　그러니 겨울철 폭설에 대비하는 시설물도 기존의 기준을 보다 강화하여 만들어야 할 것이다. 지구온난화는 전 지구적인 문제라서 해결하기가 여간 어려운 것이 아니지만, 일단 본래의 지형적 특성상 눈이 많은 지역에서는 더욱 더 그 대비를 철저히 해야 한다. 산지 지역에서는 눈사태를 막기 위하여 급경사면에 방지목책을 설치하거나 눈사태 위험 지역의 지도를 미리 만들어 놓자. 눈을 피할 수 없다면 눈과 더불어 살아가는 지혜를 갖추어야 하지 않겠는가.

TIP

* 강제상승(强制上昇, forced ascent) : 일정한 높이로 수평이동하는 기류가 산지를 만나면서 상승하는 현상. 상승하면서 기류의 기온은 낮아져 응결이 일어나고, 이로 인해 지형성 강우가 나타난다.
* 비그늘(rain shadow) : 높은 산지를 만나 강제상승으로 비를 뿌린 후 건조해진 기류가 산지 너머 지역에 건조 기후를 만드는 현상. 이런 현상으로 형성된 사막은 비그늘 사막이라고 한다.
* 우데기 : 울릉도의 민가에서 눈, 비, 바람 등을 막기 위해 본채의 벽 바깥쪽에 기둥을 세우고 새나 옥수숫대 등을 엮어 친 외벽을 일컫는 말.
* 설피(雪皮) : 산간 지대에서 눈에 빠지지 않도록 신 바닥에 대는 넓적한 덧신. 칡, 노, 새끼 따위를 엮어 만든다.
* 반건조 지대(半乾燥地帶, semiarid zone) : 비교적 건조 정도가 약한 건조 지역. 사막 주변, 캐나다 남부에서 텍사스에 이르는 대평원, 대분지 북부의 내륙 고원 등에 분포한다. 비그늘 현상에 의해 형성되거나 해양으로부터 매우 먼 내륙에 위치하는 경우가 많다.

03

제주도는 물난리 안전지역일까?

화산 지형인 제주도의 특징 |

한반도 남단의 큰 섬, 제주도는 우리나라에서 가장 비가 많이 내리는 지역이다. 겨울에 내리는 눈의 양도 결코 적지 않다. 바다가 둘러싸고 있는 지역이니 당연하다.

그러나 절리(節理)가 많은 화산 지형이라는 특징 덕분에 육지와 달리 제주도에는 많은 비가 내려도 하천이 범람하는 경우는 거의 없다. 제주도에서 비가 많이 내리는 지역은 고산 지대(해발고도 600m 이상)와 중산간 지대(해발고도 200~600m)인데, 잘 발달한 절리에 의한 많은 공극(空隙)으로 빗물이 스며들기 때문에 이 지대에서는 물난리가 일어나지 않는 것이다.

그렇게 지하로 스며든 빗물은 해안 지대에 이르러서는 다시 지표면 위로 솟아나면서, 샘을 만들거나 짧지만 하천을 이루기도 한다. 이를 용천(涌泉)이라 하는데, 제주도에는 해안을 따라 용천대가 형성되어 있다. 바닷가 백사장에서도 물이 솟아나서 신기한 느낌을 주기도 한다. 그렇게 솟아나는 물 덕에 많은 사람들은 해안 지대에서 살 수 있다. 제주의 지하수는 이미 화산암과 화산 지형에 의해 잘 걸러진 것이기에 생활용수로도 손색이 없다.

제주의 물난리, 왜 일어났을까?

이러한 제주도가 지난 2007년 9월에는 시간당 최고 500mm의 폭우와 강풍을 동반한 태풍 '나리'로 인해 사상 최악의 태풍 피해를 입었다. 제주 토박이 주민들도 "이런 물난리는 처음"이라고 말할 정도로 심각한 정도의 하천 범람, 주택과 농경지 침수, 도로와 선박의 파손, 정전과 인명 피해 등이 속출했다.

천재지변은 어느 정도는 고금동서를 막론하고 어쩔 수가 없다. 그러나 그 원인을 짚어 보면 어느 정도의 대책은 나올 수 있다. 그러나 문제는 대책이 나와도 그것을 쓸 수 없는 경우가 발생한다는 것이다.

태풍 나리에 의해 제주도가 입었던 타격의 원인을 살펴보면 크게 두 가지로 요약된다. 첫 번째 요인은 제주도가 관광지라는 사실에서 기인한다. 두말할 필요도 없이 제주도는 국내 최고임은 물론, 세계적으로도 손색없는 관광지이다. 화산 지형의 풍광이 그러하고, 온화한 난대성 기후 및 다양한 식생들이 아름다운 경치를 만들어 내는 곳이기 때문이다. 그런 특성 덕분에 관광 산업이 발달하면서 인구가 늘어나고 있고, 당연히 제주의 경제는 관광 산업에 의지하는 바가 크다.

문제는 이러한 이유로 많은 관광 시설, 도로 시설이 늘어남과 동시에 도시화도 많이 진전되었다는 것이다. 본래의 지형대로라면 빗물이 땅 밑으로 스며들 텐데, 개발의 물결이 쓸고 지나간 곳은 그렇지 못하다. 그러니 비가 내리면 스며들지 못한 빗물이 인접한 하천으로 흘러가고, 하천이 범람한다. 제주도의 하천들은 비록 평상시에는 건천(乾川, 마른 하천)의 상태인 경우가 많지만, 많은 비가 올 때에는 배수의 기능을 한

제주도의 건천. 절리를 따라 물이 잘 스며들기 때문에 비가 내린 뒤에도 하천 바닥에는 물이 고이지 않는다.

다. 그런데 상류와 산지에서 내려오는 물에 저지대에서 지하로 빠져나가지 못한 물까지 더해지니 하천의 배수 기능이 마비되어 범람하고 마는 것이다.

하천의 직강화(直江化)가 많이 이루어졌다는 점도 무시할 수 없다. 경제 발전에 따라 취락과 도시, 관광지는 해안에서 점차 산지 쪽으로 올라간다. 자연 하천과 하천변은 축대로 정리되고 곡류였던 하도(河道, 하천의 길)은 직선에 가깝게 다시 만들어진다. 이를 직강화라 하는데, 하천의 직강화가 이루어지면 사람이 이용할 수 있는 하천 주변의 인공적인 토지 면적이 넓어진다. 그러나 직강화 하천은 물을 빨리 뺄 수는 있는 반면, 그만큼 해안 쪽에 빨리 물을 차게 만든다는 위험 요소도 동시에 가지고 있다. 배수가 잘 안 되는 상태에서 범람 시를 대비하여 여유의 하천 공간을 남겨 두는 유수 시설까지도 마련되지 않는다면 범람 문제는 해결하기 어렵다.

최근에 제주에 많은 도로가 개설되고 있는데, 이 도로들의 배수 기능에도 신경을 써야 한다. 해안 일주 도로 등 해안과 평행하게 설계된 도로들은 해안으로 내려가는 하천들과 직교한다. 즉, 하천을 가로질러 도로들이 만들어지므로 하천에 고이는 물들이 빠져나갈 수 있는 흐름을 도로가 막아 버리면 범람의 피해는 더욱 커질 수밖에 없는 것이다.

다른 문제는 역시 지구온난화이다. 환경부와 기상청에 따르면 제주는 1924년 이후 평균 기온이 1.6도 올랐고, 여기에다가 100mm 이상의 집중호우가 내리는 날이 급증하였다. 2007년 7월 12일자 「조선일보」의 기사에 의하면 수온도 30년간 0.8도가 올랐고, 지구온난화에 의해 해수면도 22cm 상승하였다고 한다. 몰디브와 방글라데시, 투발루 등이 해수면 상승으로 인해 점점 바다에 잠기며 육지의 면적이 줄어든다는 뉴스는 이미 여러 차례 보도된 바 있다. 그러나 바닷물은 전 세계적으로 연결되어 있고, 따라서 해수면 상승은 어느 특정 지역에만 국한되는 문제가 아님을 생각해 보면 우리나라와 제주도 역시 이런 현상으로부터 자유로울 수 없음을 알 수 있다.

제주를 지킬 수 있는 지혜가 필요하다 |

이처럼 제주도가 태풍으로 인해 심각한 피해를 입었던 요인에는 지구온난화처럼 전 세계적인 문제라 제주 지역이 어쩔 수 없는 요인도 있고, 인위적인 개발과 같은 지역적인 요인도 있다. 물론 인위적 개발은 지역 경제와 연관이 있으니 무턱대고 제한할 수는 없으나, 지역 경제의 기반이 자연에 있음을 간과해서는 안 될 것이다.

그러기에 제주도는 다른 어느 지역보다 더욱 더 친환경적인 개발에 힘써야 한다. 온실가스 배출량을 줄이고 삼림과 녹지대를 더 이상 훼손하지 않는 방향으로 관광지를 조성함은 물론, 도시와 취락, 도로 건설 시 배수 방법을 고려하고 유수지도 마련하는 등 여러 방안을 고려하여 아름다운 자연 환경과 잘 어울리는 인공 경관을 조성해야 할 것이다. 그것이 자연적으로만 아름다운 섬이 아니라 친환경적인 생활 지역으로서도 제주의 이름이 널리 알려질 수 있는 방법이다. 최근 제주도는 서귀포를 관광객들이 오래 머무는 '슬로 관광 도시'로 개발하려는 계획을 세우고 있다. 이러한 계획은 제주의 자연환경과 친환경적 생활이 결합되어야 성공할 것이다.

자연을 이해하고 그것을 고려하여 세우는 개발 계획은 곧 그 지역 경제에도 발전을 가지고 온다. 천혜의 경관을 자랑하는 제주를 지킬 수 있는 지혜가 절실히 필요한 시점이다.

TIP

* 절리(節理, joint) : 단층, 습곡, 융기와 같은 지각 운동으로 암석에 생긴 금. 형태에 따라 주상절리, 판상(板狀)절리 등이 있다.
* 주상절리(柱狀節理, columnar joint) : 현무암질 용암이나 관입암에 많이 생기는 기둥 모양의 절리로, 6각형 등 다각형의 단면을 가진다. 주로 수직을 이루지만 발생 당시의 특성에 따라 경사가 지거나 수평인 경우도 있다.
* 공극(空隙, pore) : 토양층에서 토양 입자 사이의 빈 공간을 뜻하는 말로, 공극은 토양수와 토양 공기로 채워진다. 토양 입자와 공극의 비율을 공극률(porosity)이라 하는데, 토양 입자가 작고 고를수록 공극률이 낮아진다. 공극률이 높으면 지하수가 잘 통하는 투수층이 형성되고, 공극률이 극히 낮으면 불투수층이 된다.

기후와 자연현상 속 지리 이야기

04

지구의 대기에도 시스템이 있다?

엘니뇨 현상이란? |

최근 몇 년간 변하지 않는 세계적 화두는 기후 변화 (change of climate)이다. 주 내용은 이산화탄소(CO_2) 배출, 혹은 탄소 배출에 의한 지구온난화 현상이다. 환경과 농업과 생활 모두에 많은 영향을 미치므로 초등학생들도 이 내용을 배울 정도로 전 세계의 중요한 화두가 되고 있다. 당장 목도하고 있는 문제는 빙하와 빙산이 녹아 해수면이 상승함에 따라 태평양과 대서양, 인도양의 작은 섬들이 물에 잠기고(가라앉는 것이 아니라) 있다는 것이다. 이처럼 기후 변화는 전 지구의 대기대순환(general circulation) 체계에 영향을 미치는데, 해양 역시 예외는 아니다. 엘니뇨(el Niño)와 라니냐(la Niña) 현상이 대표적인 예가

1997년 여름, 세계적으로 가장 건조한 지역 중 한 곳인 미국의 데스 밸리(Death Valley)에 갑작스러운 폭우가 내렸다. 당시 보기 드문 이상 현상이었던 이 폭우는 엘니뇨 현상에 의하여 발생한 기상 이변으로 받아들여졌다.

되겠다.

기후 변화와 관련하여 엘니뇨는 일찍이 그 이름을 알려 왔다. 본래 이 단어는 스페인어로 '어린 남자 아이' 혹은 '아기 예수'를 뜻하는데, 기후학 · 해양학적으로는 남반구 적도 부근 태평양의 수온이 상승하는 현상을 말한다.

엘니뇨 현상은 주기적으로 발생하지만 빈도가 잦고 또 특정 지역에 오래 머물며 그 지역에 기후, 식생, 지형 등에 많은 문제를 가져오기 때문에 학자들은 그 원인에 관심을 기울였다. 많은 연구 끝에 학자들은 이 현상이 남미 페루 해역뿐 아니라 전 세계의 이상 기후, 기상 이변과 연

기후와 자연현상 속 지리 이야기

관이 있음도 밝혔다. 물론 기류와 해류의 관계를 비롯한 정확한 인과 관계에 대해서는 아직도 연구 중이지만, 엘니뇨 현상을 가중시키는 원인은 인간에 의한 지구온난화라는 것이 일반적인 견해이다.

먼저 지금까지 알려진 엘니뇨 현상의 기본 원리를 자세히 살펴보자. 엘니뇨는 남반구 적도 부근(남위 5~10도 정도의 지역)의 태평양 서안과 인접한 해안(에콰도르와 페루 지역)의 표면 해수 온도가 상대적으로 올라가는 현상을 말한다. 이 현상이 장기화되면 본래 고기압대이면서 건조 혹은 반건조 기후를 가진 이 지역이 저기압대로 변하여 강수량이 많아지고, 그에 따라 홍수와 산사태도 잦아진다.

엘니뇨 현상은 발생 지역의 어획량에도 영향을 미친다. 본래 페루 연안은 세계적인 어장으로 유명한데, 엘니뇨 현상이 일어나면 어획량이 감소한다. 이를 이해하기 위해서는 이 지역을 지나는 해류에 대한 이해가 필요하다.

엘니뇨가 발생하지 않는 경우, 이 지역에서는 심층에 있는 찬 바닷물이 해면으로 솟아오르는 용승(湧昇) 현상이 나타난다. 이 바닷물은 칠레와 페루 해안을 북상하여 적도 부근에까지 흘러가는데, 근대 유럽의 최고 지리학자였던 알렉산더 폰 훔볼트가 발견했다 하여 이 해류를 훔볼트 해류, 혹은 그 지역 국가 이름을 따서 페루 해류라고 칭한다.

이렇게 심층에서 솟아오르는 바닷물은 미네랄 등의 영양분을 많이 함유하고 있기 때문에 페루 해류가 지나가는 곳에는 자연히 물고기가 많다. 이것이 페루 연안이 세계적인 어장이 된 이유이다. 그런데 엘니뇨 현상이 일어나면 찬 심층 해수가 용승하지 않고 바닷물 내의 영양분이 감소하니 어획량 또한 줄어드는 것이다. 엘니뇨 현상과 해수의 용승이 어떤 관계가 있는지는 뒤에서 살펴보도록 하자.

대기대순환의 원리 및 영향 |

　　　　　　　그렇다면 이 해역에서는 왜 찬 바닷물이 계속 올라오는 것일까? 그것은 전 지구의 기류(바람)의 순환 체계인 대기대순환 현상 때문이다.

우선 대기대순환(general circulation)의 원리를 알아보자. 전 지구의 기류는 일반적으로 그리고 평균적으로 대기대순환의 체계를 따라 일정하게 움직인다. 즉, 대기대순환은 계절(계절적인 방향의 전환), 위도(기류의 남북 이동), 경도(기류의 동서 이동) 및 대기의 복사열에 따르는 기류 이동 등 대기에서 일어나는 다양한 작용의 종합적인 결과이다.

보다 자세히 설명하자면 다음과 같다. 대기대순환은 태양으로 인한 복사열이 많은 적도와 복사열이 부족한 극지방을 이동하는 에너지의 흐름, 지구의 자전 방향에 의한 기류의 이동(중위도지방에 형성되는 편서풍대가 대표적인 예이다.), 거대한 해양과 대륙 간의 열 차이 등으로 일어나는 자연현상이다. 이러한 대기대순환은 하나의 거대한 시스템으로 비교적 일정한 주기와 패턴을 가지고 있어 지역마다 특징적인 기후를 나타나게 한다. 끝없이 더운 기류가 모여 상승하기 때문에 강수량이 많은 열대 우림, 건기와 우기가 뚜렷한 몬순 지역, 항상 고기압의 하강 기류만이 있어 건조한 저위도의 사막, 열대 우림과 저위도 사막 사이에 나타나는 사바나와 스텝 기후 등 모든 기후 지역들은 대기대순환의 결과물로 탄생한 것이다.

앞서 말했던 페루 해류가 지나가는 에콰도르와 페루 등에는 해안 사막 지대가 형성되어 있는데, 이것 역시 바로 대기대순환의 대표적인 예라 할 수 있다. 차가운 해류가 지나가는 곳의 육지에는 바닷물의 낮은 온도 때문에 고기압 지역이 만들어진다. 따라서 해안임에도 불구하고 강수량이 적어서 건조한 기후가 형성되고, 반사막 지역이 나타나게 된다. 에콰도르와 페루 외에도 대서양의 카나리아 군도(카나리아 해류), 캘리포니아 앞바다(캘리포니아 해류), 아프리카 남동 해안(벵겔라 해류), 인도양의 오스트레일리아 남서 해안(서오스트레일리아 해류) 등에서 이런 현상이 나타난다. 이들 지역의 해안에는 빠짐없이 모두 사막(칠레의 아타카마 사막, 서부 사하라 사막, 아프리카 남서부의 나미비아 사막, 캘리포니아의 모하비 사막)이 발달해 있다.

대기대순환과 엘니뇨의 상관 관계 |

엘니뇨 현상이 발생하면 심층 해수가 용승하지 않아 어획량이 감소한다는 것은 앞에서 언급한 바 있다. 이제 대기대순환, 엘니뇨 현상과 해수의 용승 사이에는 어떤 연관이 있는지 구체적으로 알아보자.

우리나라를 포함하여 지구의 중위도 지역은 편서풍대(偏西風帶)로서 기류가 서쪽에서 동쪽으로 흐른다. 그리고 이를 보완하기 위해 저위도의 적도 쪽에서는 반대 방향인 편동풍(偏東風, 무역풍이라고도 한다), 즉 동쪽에서 서쪽으로 기류가 흐른다. 이 편동풍의 영향으로 태평양 표면의 바닷물 역시 서쪽으로 움직이는데, 이처럼 바람이 불어 생겨나는 물의 흐름을 취송류(吹送流)라 한다. 이 지역의 취송류에 의하여 태평양 동쪽의 수위는 낮아지고, 서쪽의 수위는 높아진다.

그런데 대기대순환에 문제가 발생하면 적도 부근에서 편동풍이 발생하지 않는다. 자연히 취송류의 기세도 약해지고 표면 바닷물의 이동세가 수그러드니, 보통 때에는 그 이동세를 보완하기 위해 해양 심층에서부터 바닷물이 솟아오르는 용승 현상도 일어나지 않는 것이다. 낮은 기온의 해수가 올라오지 않으니 결과적으로 바다의 온도는 올라가고 어획량은 감소한다. 뿐만 아니라 저기압이 형성되어 많은 비를 뿌리는데, 사막 혹은 반건조 지역에 내리는 이런 비는 곧바로 홍수와 산사태로 이어진다.

이러한 엘니뇨 현상은 일반적으로 3~5년마다, 주로 크리스마스를 전후한 겨울철에 발생했다. 그러나 발생 빈도 및 지속 기간이 늘어나고 겨울이 아닌 계절에도 발생하는 경우가 잦아지면서 이제는 기후 재앙의 하나로 받아들여지고 있다.

1982년과 1983년에 걸쳐 엘니뇨 현상이 일어났던 때에는 해수면의 온도가 평년보다 무려 7도 정도 높았고, 이는 곧 전 세계의 홍수와 가뭄 모두와 연관이 있었다고 학자들은 보고 있다. 1997년과 1998년에 걸쳐 일어난 강력한 엘니뇨 현상으로 중국과 인도 등의 지역에서는 대규모 홍수 사태가, 인도네시아에는 엄청난 건조 현상 및 그에 따른 많은 산불 사건 등이 발생했다. 당시 인도네시아 산불에 의한 매연은 동남아 전역에 퍼지면서 국제적인 관심을 끌기도 했다.

엘니뇨 현상을 발생시키는 이유가 '대기대순환의 이상'이라면, 대기 대순환 시스템을 깨뜨리는 근본적인 원인이 무엇인지를 알아야만 엘니뇨 현상에 대한 해결책도 나올 것이다. 전문가들은 인간에 의한 지구온난화 현상이 이러한 악순환을 일으키는 가장 큰 요인이라고 진단한다. 즉, 인간의 탄소 배출 – 지구온난화 – 대기대순환 이상 – 엘니뇨 현상 심화 – 가뭄과 홍수 등 이상 기후 발생 – 자연재해의 발생 등으로 이어진다는 것이다.

엘니뇨와 같은 이상 기상 현상은 일상생활은 물론 산업, 더 나아가서는 국가 경제에도 영향을 미치는 중대한 문제이다. 학자나 전문가만이 아닌 모든 인류가 이러한 문제에 관심을 가지고 해결해야 할 이유가 여기에 있다.

TIP

* 알렉산더 폰 훔볼트(Alexander Freiherr von Humboldt, 1769~1859) : 독일의 지리학자, 자연과학자. 베를린에서 출생하였으며 광산학을 공부한 후 광산 감독으로 일하였다. 그 후 남아메리카·중앙아시아 등을 여행하고 그 경험을 정리하여, 1829년 빈 대학교에서 자연지리학을 가르쳤다. 현대지리학에서 자연지리학의 창시자로 평가 받는 그는 지리학 외에도 생물학, 지질학, 해양학 및 기후학 등에서 많은

업적을 쌓았다. 만년에 나온 『코스모스』는 훔볼트의 완숙한 학문의 종합편이라는 평을 받고 있다.

* 편서풍대(偏西風帶, westerly belt) : 위도 30~60도의 중위도지방에서 남서 혹은 북서 방향으로 편서풍이 부는 띠 모양의 지역을 말한다. 중위도지방의 상공에는 연중 편서풍이 분다. 편서풍대의 폭은 약 3,000km로서 계절에 따라서 그 폭이 달라지는데, 겨울에는 저위도 쪽이 더 넓어지고 여름에는 고위도 쪽이 더 좁아진다. 편서풍대 내의 기류는 파동을 치면서 대체로 불안정하다.

* 취송류(吹送流, wind driven current) : 해면에 미치는 바람의 변형력으로 일어나는 해류. 해면 근처에서 가장 강하며 밑으로 내려갈수록 약화되고, 200m 정도의 깊이에서는 거의 사라지는 것이 보통이다.

기후와 자연현상 속 지리 이야기

05

태풍과 사이클론, 어떻게 다를까?

'아주 큰 바람', 태풍

태풍(颱風)은 매년 여름, 6월 말부터 심할 때는 9월까지도 우리나라를 찾는다. 태풍은 '아주 큰 바람'이라는 뜻이고, 영어로도 이 발음이 그대로 자리를 잡아 typhoon(타이푼)이 되었다. 우리나라에 왔던 태풍으로 유명한 것들은 1959년 9월의 '사라', 2003년 9월의 '매미', 2002년 8월의 '루사' 등이 있었고, 그 피해 또한 막대하였다.

태풍의 이름은 누가, 또 어떻게 붙이는 것일까? 1999년까지 북서태평양에서 발생하는 태풍의 이름은 괌에 위치한 미국태풍합동경보센터에서 붙여 왔다. 그러나 2000년부터 아시아태풍위원회에서는 태풍에 대한 아시아 각국 국민의 관심을 높이고 태풍 경계를 강화하기 위해 영어나 라틴어가 아닌 아시아 지역 14개국이 제출한 명칭을 태풍의 이름으로 사용하고 있다. 한국, 북한을 포함한 이들 나라가 각각 10개씩 명칭을 내놓았으므로 총 140개의 이름이 있는 셈인데, 우리나라는 순수한 한글 단어인 제비 · 고니 · 메기 · 나비 등을, 북한 역시 소나무 · 노을 · 민들레 · 날개 등의 한글 이름을 제출하였다.

이 이름들은 그것을 제출한 국가명의 알파벳 순서에 따라 돌아가며 붙여진다. 이들 140개의 명칭이 모두 사용된 후에는 그중 심각한 피해를 입혔던 태풍의 이름은 제외한 나머지 명칭이 또다시 번갈아 사용된다고 한다.

태풍의 발생 과정과 진행 |

태풍은 '큰 바람'을 뜻한다 했는데, 그렇다면 '얼마나 큰' 바람이어야 태풍으로 분류가 되는 것일까? 일반적으로 열대 해상 (위도 5~20도)에서 발생하여 중위도 지방으로 올라오는 열대성 저기압 (tropical cyclone) 중 최대 풍속이 초속 17m 이상인 바람을 열대성 폭풍 (tropical storm), 초속 33m 이상이 되면 태풍이라고 부른다. 태평양 동안에서는 태풍, 인도양은 사이클론(cyclone), 중앙아메리카의 태평양과 대서양 연안에서는 허리케인(hurricane), 오스트레일리아와 뉴기니아 등 남반구의 동북부에서는 윌리-윌리(willy-willy)라고 부르기도 한다.

지금까지 연구된 열대성 저기압의 발생 과정을 보면 다음과 같다. 열대 지역의 거대한 해역에서 바닷물의 온도가 섭씨 27도 이상이 되면 더운 대기 중으로 엄청난 양의 수증기가 공급된다. 이 수증기는 무역풍을 따라 적도 가까이에 위치한 열대수렴대로 모이며 그 세력이 강화된다. 이렇게 높은 열과 많은 수분을 가진 저기압, 즉 열대성 저기압이 에너지가 상대적으로 결핍한 중위도 지역으로 올라가며 여러 종류의 큰 바람을 일으키는 것이다.

태풍의 경우 북향하여 중위도에 이르면 편서풍대를 따라 동쪽으로 굽는다. 이동하는 과정에서 태풍은 풍속이 줄어들거나 많은 비를 뿌리고 지형적인 장애물에 부딪히면서 그 세력이 약화된다. 우리나라의 경우에도 태풍이 일본에서 동쪽으로 진행하면 피해가 덜한 반면, 일본보다 훨씬 높게 북상하여 동으로 굽을 경우에는 남해안이 많은 피해를 입는다. 동쪽으로 굽는 경우가 많으므로 일반적으로 경상남도 해안이 전라남도 해안보다 편서풍으로 인한 피해가 심한 편이다.

태풍은 가운데에 위치한 태풍의 눈을 중심으로 반시계 방향으로 회오리치며 동쪽으로 이동하는 경향이 있다. 그러므로 태풍 자체의 회오리의 반시계 방향과 편서풍에 의하여 동으로 굽는 방향이 일치하는 태풍의 동쪽 반원(半圓)이 위험 지역이다. 서쪽 반원은 회오리의 방향에서는 서쪽이 되는데, 동쪽으로 부는 편서풍에 의해 그 힘이 상쇄되어 상대적으로 안전한 지역이 된다.

방글라데시를 덮친 사이클론, 시드르 |

해마다 태풍이 한국으로 다가오는 것처

럼, 사이클론 역시 거의 매해 벵골 만을 강타한다. 2007년 11월에는 사이클론 '시드르(Sidr)'가 최대 풍속 시속 240km로 밀어닥치며 방글라데시를, 2008년 5월에는 '나르기스(Nargis)'가 미얀마를 시속 190km의 속도로 덮쳤다.

사이클론은 보통 인도양에서의 태풍을 지칭하는 명칭이지만, 저기압 자체를 뜻하기도 한다. 일반적인 저기압은 물론 태풍, 토네이도, 용오름, 회오리바람 등 여러 형태의 저기압들은 북반구에서는 반시계 방향, 남반구에서는 시계 방향으로 돌면서 안으로 모여든다는 공통점을 가진다. 바로 이 '돌면서 모여드는' 것이 저기압의 특성이므로 다양한 규모의 저기압을 통칭할 때에도 사이클론이라는 이름이 사용되는 것이다.

2007년 방글라데시에 큰 피해를 입힌 시드르의 경우를 자세히 살펴보자. 언론 기사에 의하면 이 사이클론은 자그마치 30만 가구에 손실을 입히며 3,300명의 사망자, 400만 명의 이재민을 발생시켰다. 해안 생태계의 보고이자 해안의 파랑을 막아 주는 맹그로브 숲(mangrove swamp forest)도 6,000m²나 파괴되었다고 한다.

이렇게 피해가 컸던 이유에는 여러 가지가 있었을 것으로 생각된다. 우선 벵골 만으로 북상하는 사이클론은 고스란히 갠지스 강과 브라마푸트라 강에 의해 형성된 복합 삼각주로 밀려오는데, 방글라데시의 경우는 국토 중 이 삼각주의 범람원이 차지하는 비중이 높은 편이기 때문에 사이클론에 의한 피해가 컸을 것이다.

또한 방글라데시는 북쪽으로 거대하게 뻗어 있는 히말라야 산맥 때문

열대와 아열대의 해안 저습지에 형성되는 홍수성 삼림인 맹그로브 숲. (사진 제공 : 김남신)

에 기류가 산지를 넘지 못하고 비를 내리는, 이른바 지형성 강우가 생기는 지역이다. 즉, 열대성 저기압과 지형성 강우가 결합하는 특성이 있는 곳이 방글라데시인 것이다.

여기에 지구온난화의 영향으로 해수면이 점차 높아지고, 파랑이 더욱 거칠어졌다는 것도 큰 피해를 불러일으킨 요인으로 생각된다. 연구에 따르면 방글라데시는 만일 해수면이 1.5m 상승하면 전체 국토의 16퍼센트가 물에 잠기고, 피해 인구는 전체의 15퍼센트인 1,700만 명이 될 것이라 한다. 현재의 속도와 상태로 이산화탄소가 대기 중에 배출되면 2050년 이전에 이러한 상황이 현실로 도래함은 물론, 사이클론까지 때때로 닥치면 그 피해는 훨씬 커질 것이다. 또한 방글라데시는 2007년

1인당 GDP가 1,300달러에 불과할 정도로 빈곤한 국가이다. 그래서인지 아무래도 주거 시설이 안전하고 튼튼하지 않다는 점, 태풍에 대한 사전 정보가 없었다는 점도 피해가 컸던 원인이 되겠다.

정리하자면, 방글라데시의 사이클론의 피해가 늘 반복되고 피해 또한 큰 것은 1차적으로 지형과 기후의 영향, 둘째, 점차 높아지고 있는 지구 온난화 현상, 마지막으로 국력의 미비로 사전에 사이클론에 대처할 능력이 떨어지기 때문이다. 이러한 지역에는 국제사회가 내미는 도움의 손길이 절실하다. 기후와 지형 등 자연적인 원인에 대해서는 어쩔 수 없다 하더라도, 국토의 지리 정보(GIS)를 체계적으로 구축하는 기술 이전 등의 지원을 지속하면 해마다 반복되는 비극의 고리를 끊을 수 있을 것이다.

미얀마의 비극, 나르기스 |

매년 연말이면 각 언론사들이 한 해 동안 일어난 많은 사건·사고들을 추려 '올해의 10대 국내·국제 뉴스'를 선정, 발표하는데, 거의 해마다 등장하는 것이 열대성 저기압 태풍이다. 2008년 '올해의 10대 국제 뉴스'에 어김없이 등장한 것도 바로 2008년 5월에 미얀마를 강타하여 13만 명 이상의 사상자, 240만 명 이상의 이재민을 발생시킨 사이클론 나르기스였다.

이토록 어마어마한 피해가 발생한 원인을 짚어 보면 다음과 같다. 우선 나르기스가 진행했던 진로를 보면 북상하면서 여름 몬순의 영향으로 이라와디 강 어구에 도착, 방향을 동북으로 틀면서 이라와디 삼각주 해안을 거의 쓸다시피 하며 지나갔다.

　미얀마 최대의 곡창 지대인 이라와디 강의 하구 삼각주는 동서 해안의 길이가 대략 200km 정도이고 남북으로도 200km가 넘는 거대한 해안 퇴적지이다. 이라와디 강의 삼각주에는 여러 갈래의 분류(分流, 갈라져서 흐르는 물줄기)들이 있고 작은 분류마다 양쪽에 하상보다 조금 높은 자연제방이 있으며, 자연제방 아래의 범람원은 배수를 하여 마을들이 형성되어 있다. 이 삼각주에 위치한 이라와디 주(州)의 인구는 650만으로 인구밀도가 높은데(1km²당 182명), 이들의 주거지가 대부분 이라와디 강의 낮은 자연제방과 범람원상에 자리 잡고 있었기 때문에 인명 피해가 컸던 것이다. 특히 당시에는 바람에 의한 해일로 만조 시에 해안의 물이 불어나면서 범람이 심해졌고, 더욱이 사이클론이 많은 비를 뿌렸기 때문에 강물 또한 엄청나게 불어났다.

　지역 개발에 따른 맹그로브 숲의 파괴도 한 가지 원인이 된다. 맹그로브 숲은 해안 침식을 방지하고 좋은 어장을 형성하는데, 미얀마를 비롯한 동남아 등지의 여러 국가들은 농경지·주거지·해안 개발 등을 위해 이미 해안에 자연적으로 형성되어 있는 맹그로브 숲을 제거해 왔다. 그러나 잘 조성되어 있는 방풍림(防風林) 덕분에 태풍의 피해로부터 많이 벗어나는 우리나라 경남 남해 물건리(勿巾里)의 방조어부림(防潮魚付林)에서도 알 수 있듯, 해안의 숲은 강한 태풍으로부터 인간을 보호해 주는 자연의 방패이다. 따라서 이러한 숲을 파괴하는 것은 곧 강하게 불어오는 거대한 태풍에 알몸으로 맞서는 것과 다를 바 없는 일이라 할 수 있다.

미얀마라는 국가 자체만을 생각해 보면, 나르기스로 인한 비극이 온전히 자연재해라고만 할 수도 없다. 미얀마는 세계적으로 유명한 군사독재 국가로, 국민을 위한 국가 시스템 수준이 다른 나라에 비해 상대적으로 낮다. 그렇기 때문에 인도의 기상국에서 이미 48시간 전에 나르기스의 위험성을 경고했음에도 불구하고 미얀마 정부 당국은 별다른 조처를 취하지 못했고, 그리하여 국민들로 하여금 자력으로 이동할 수조차 없는 사태를 불러일으킨 것이다.

나르기스 발생 후 국제사회는 피해 복구를 위해 도움을 주겠다고 나섰다. 그러나 미얀마의 군사정부는 그들의 야만적인 정치가 국제적으로 드러나고 정권이 무너질 것을 우려하여 아직까지도 구호의 손길을 선뜻 받아들이지 못하고 있다. 우리나라의 한 국제 시사 프로그램의 보도에 의하면 사태 발생 후 8개월이나 지난 2009년 1월 현재, 주민들의 생업은 완전히 파괴되었고 하루하루 연명하는 것조차 힘든데도 미얀마 정부는 여전히 그들의 고통에 귀를 기울이지 않고 있다고 한다. 이런 상황이라면 얼마나 많은 미얀마 국민들이 앞으로 더 굶주리거나, 수인성 전염병으로 희생될지도 예측하기 어렵다. 미얀마 정부는 보다 긴 관점으로 국민의 삶과 자연재해 예방을 위해 하루빨리 국제사회의 도움을 받아들여야 할 것이다.

* 열대수렴대(熱帶收斂帶, intertropical convergence zone) : 북반구의 북동 무역 풍과 남반구의 남동 무역풍이 수렴되는 지역으로 약칭 ITCZ로 불린다. 상승기류가 더 활발하여 적도무풍대를 만든다. 여름의 북반구에서는 적도보다 훨씬 윗부분에 형성된다.

* 벵골 만(bay of Bengal) : 인도 반도와 인도차이나 반도 사이의 거대한 바다 지역. 가을과 겨울 사이에 사이클론이 발생하여 인도 · 방글라데시 · 미얀마 등지에 큰 피해를 입힌다.

* 맹그로브 숲(mangrove forest) : 열대 및 아열대의 해안과 저습지에 형성되는 홍수성 삼림. 주로 멀구슬나뭇과의 식물들로 이루어지는데, 이들은 많은 호흡뿌리를 가지고 있고 뿌리끼리 복잡하게 얽혀 있다는 특징을 가진다.

* 방풍림(防風林, windbreak forest) : 농경지 · 과수원 · 목장 · 가옥 등을 강풍으로부터 보호하기 위하여 조성한 산림.

06

잔잔했던 파도가
갑자기 사람들을 덮친 이유는?

아름답기도, 위험하기도 한 파도 |

바다에는 끊임없이 크고 작은 파도의 물결이 넘실거린다. 하얀 물보라를 일으키며 백사장으로 다가오는 파도는 해수욕장을 찾는 이들에게도 큰 즐거움을 준다. 그러나 파도로 인한 크고 작은 사고도 심심치 않게 발생한다. 파도에 의한 사고 중 필자의 기억에 남는 것은 2008년 5월 4일에 보령의 죽도에서 일어난 것이다.

당시의 언론 보도를 종합하면 다음과 같다. 이날 낮 12시 40분경 충남 죽도 선착장과 남포 방파제 등에 있던 낚시꾼과 관광객 49명이 갑작스럽게 해안에 닥친 큰 파도에 휩쓸렸는데, 대략 22명 정도가 사망 혹은 실종되었고, 부상자들도 상당수 발생했다. 눈 깜짝할 사이였다.

목격자의 증언과 사진, 동영상 등을 종합하여 당시 상황을 판단해 보면, 사고 발생 전 바람의 세기는 초속 0.5~4m 정도로 약했고, 물결도 0.4m 정도의 높이로 잔잔하게 일었다. 이상 징후가 없었으니 많은 사람들이 방파제와 선착장에 몰려 있었는데 갑자기 높이 5m가 넘는 높은 파도가 밀어닥친 것이다.

파도의 발생 원인 |

이런 파도는 왜, 또 어떻게 발생하는 것일까? 바다에 이는 물결을 파랑(波浪)이라 하는데, 파랑은 크게 우리가 흔히 파도라고 부르는 풍랑(sea wave)와 너울(swell wave)로 나뉜다.

해저 지진이나 해저 화산 폭발과 같은 지각 변동이 아닌 일반적인 경우, 풍랑은 먼바다(대양까지 포함하여)에서 이는 바람에 의하여 만들어지기 때문에 바람의 크기와 지속시간에 따라 풍랑이 일어나는 해역의 면적도 다르다. 이러한 풍랑은 일반적으로 파고(波高)가 높지 않은 반면 파형은 급하고 불규칙하다.

이에 비해 너울은 파봉(波峰)이 완만하고 파형 또한 둥글고 규칙적이다. 해수면부터 바닥까지 바다 전체가 수직으로 일렁이는 파랑이 너울이기 때문에, 너울 시 바닷물의 입자들 역시 수직으로 원운동을 하게 된다.

너울이 바람이 부는 방향으로 진행하여 해안에 가까이 오면 바다의 깊이도 점점 얕아지는데, 그럼으로써 그동안 깊은 곳에서 수직으로 큰 원을 그리며 움직이던 입자들의 운동 양상에도 변화가 나타난다. 즉, 먼

바다에서처럼 원운동을 할 만한 깊이가 못 되는 곳에 도달한 물 입자들은 그전까지 가지고 있던 운동에너지로 인해 평균 수면 위로 솟아오르고, 하얀 물거품을 만들면서 다양한 형태로 부서진다.

이렇게 연안에 도달한 너울이 부서지는 파도(breaker)로 변하기 시작하는 곳의 파도를 연안쇄파(surf)라 하는데, 모래해안에서는 서핑(surfing)하는 데 이용되기도 한다. 연안쇄파는 바다 연안을 따라 시간차를 두고 일어난다.

breaker는 하얗게 부서지는 파도로 쇄파(碎波)라고 번역되는데, 해안에 가까이 온 쇄파는 깊숙한 만까지 가는 동안 에너지를 소진하여 비교적 잔잔해지고, 만을 양쪽으로 감싸면서 돌출한 곳(cape) 혹은 해안머리(headland)에서는 굽어지면서 모여든다. 이것을 파랑 굴절(wave refraction)이라고 한다. 일반적으로 어느 정도의 파랑이 항상 일어나는 돌출부 부근은 바닷물 내의 산소 및 미네랄 함유량이 많기 때문에 낚시 지점으로 좋다.

먼바다에서 일어난 파랑은 사빈(沙濱, sand beach)에 도착할 때쯤이면 그 힘이 상당히 줄어든다. 파랑에 깎인 침식물을 운반하며 더욱 약해진 파랑은 완만한 사빈을 타고 올라오다가, 오르는 힘이 완전히 소진하면 다시 내려간다. 이것이 바로 우리가 흔히 보는 '밀려왔다 밀려가는' 파도인 것이다. 밀려온 파도가 다시 내려가는 지점을 영어로는 berm, 한글로는 '물턱'이라 부를 수 있겠는데, 이 물턱 뒤의 지면은 해안 파도의 영향이 적어서 비교적 평탄하고 그 뒤에는 바람에 불려온 사빈의 모래가 쌓여 사구(砂丘, sand dune)가 형성된다. 파랑이 강할 때의 물턱은 평소보다 훨씬 깊이 육지를 깎아 들어와 사구까지 침식시키곤 한다.

파랑에 대한 설명은 이쯤 하고, 다시 충남 보령의 안타까운 일로 돌아가 보자. 보령에서 발생한 사고의 원인으로는 여러 가지가 있겠으나, 그 중 가장 큰 비중을 차지하는 것은 역시 서해의 가까운 바다 혹은 먼바다에서 바람에 의해 형성된 파랑일 것이다. 그것이 빠른 속도로 너울이 되고 그 힘이 살아 있는 채로 쇄파가 되어 해안에 접근한 것 같다. 보통 너울은 발생 해역에서 널리 퍼지면서 그 힘이 줄어들지만, 보령 사고의 경우에는 그 힘이 별로 약화되지 않은 채로 다가왔을 것이라 예상된다.

연안류와 조수, 방파제의 상관관계

그런데 그 너울, 즉 움직이는 바닷물의 힘이 약해지지 않았던 이유는 무엇일까? 이것을 추론하기 위해서는 연안류(沿岸流, longshore current)와 조수(潮水, tidal current), 그리고 방파제의 특성에 대한 이해가 필요하다.

연안류는 연안 지대에서 해안을 따라 거의 평행하게 흐르는 바닷물의 흐름이다. 보령을 예로 들면 북서쪽에서 파도가 들어갈 때 북쪽에서 남쪽으로 연안을 따라 파랑의 흐름이 생기는데, 이것이 연안류이다. 또한 밀물(tide)과 썰물(ebb)을 뜻하는 조수는 달의 인력으로 발생하는데, 이렇게 들어오고 나가는 바닷물의 강한 힘이 활용된 예가 조력발전이다.

방파제는 항만 및 내륙의 시설물을 보호하고 육지 면적을 늘리기 위

경남 사천시 곤양면에 있는 와치 선창의 방파제.

해 건설한 인공 구조물인데, 파도 사고가 발생한 죽도 부근에는 남포 방파제가 건설되어 있다. 본래 죽도는 외해(外海, 육지에 둘러싸여 있지 않은 바다)의 섬이었으나 1997년에 길이 7.6km에 이르는 남포 방파제가 세워지며 육지와 연결된 것이다.

여기에서 방파제와 연안류의 상관관계를 살펴보자. 연안류는 해안 가까이에서 움직이며 모래와 같이 해안에서 발생하거나 운반되어 온 물질들을 다시 옮기는 기능도 가지고 있다. 그런데 해안에 직교하여 건설된 방파제는 해안을 따라 움직여야 하는 모래의 이동 경로를 막는 결과를 초래한다. 따라서 방파제의 한쪽 해안에서는 모래의 퇴적 현상이 일어나는 반면, 다른 한쪽의 해안에서는 모래의 퇴적 없이 파랑의 힘을 고스란히 받기 때문에 해안 침식이 일어나는 문제가 발생하기도 한다.

방파제 건설로 인해 생기는 또 한 가지 문제점은, 밀물 때가 되어 해안으로 다가오는 바닷물의 큰 힘을 분산시킬 간석지가 많이 사라진다는 것이다. 깊은 만에 위치한 보령 지역에는 본래 넓은 간석지가 형성되어 있어서 밀물의 강한 힘을 흡수하는 기능을 했다. 그런데 남포 방파제 건설과 동시에 간석지가 사라지면서 조수의 힘이 완화되지 않은 바닷물이 그대로 육지를 향하게 된 것이다.

일반적으로 해안에 부딪힌 파도는 사빈이나 간석지처럼 길고 완만한 면을 따라 뭍으로 가면서 그 힘이 약해진다. 그러나 방파제나 축대와 같이 경사가 급하고 단단하고 평탄한 면을 만나면 그것에 부딪혀 반사될 때에도 파도의 힘은 그대로 유지된다. 이렇게 반사하는 파도를 반사파(reflected save)라고 하는데, 반사파는 해안에 쌓여 있는 부드러운 모래들을 다시 바다 아래의 사퇴(沙堆, sand bank)로 실어 날라 백사장을 빈약하게 만들기도 하고 때로는 방파제에 강한 힘을 가하여 허물기도 한다. 때문에 일반적으로 방파제 아랫부분에는 반사파의 힘을 분산시키기 위해 테트라포드(tetrapod)를 설치해 놓는다.

보령의 파도 사고 후 국립해양조사원은 서해 먼바다에서 발생한 긴 주기의 파도가 연안으로 이동하면서 수심과 지형의 영향을 받아 증폭된 것이 원인인 것 같다고 발표하였다. 그러나 이것은 당시의 여러 정황들로 미루어 강하게 짐작하는 것일 뿐, 확실한 원인은 지금까지 밝혀지지 않았다. 그저 인간의 지속적인 간섭으로 인한 해안의 변형, 우리가 아직도 다 알 수 없는 바다의 복잡한 메커니즘, 그리고 그때 그 시각이라는 시간의 불행이 동시에 작용하여 만들어진 비극이라고밖에 말할 수 없다는 것이 안타까울 따름이다.

07

습지, 과연 쓸모 없는 땅일까?

사라지는 습지 |

　　인류의 문명은 삼림과 습지(wetland)를 없앤 자리에서 발전해 왔다. 특히 습지는 배수 시설만 잘 마련하면 평지와 마찬가지로 농경지와 주거지를 쉽게 만들 수 있고, 하천 본류나 바닷가, 호수 등을 가까이 하고 살 수 있으며 경관 또한 좋기 때문이다.

　　대표적인 예가 중국이다. 국토가 넓은 중국에는 다양한 습지들이 있다. 호(湖), 소(沼), 지(池), 택(澤), 담(潭), 연(淵) 등과 같이 그것을 지칭하는 단어도 여러 가지이다. 중국은 경제 발전과 늘어나는 인구 때문에 습지와 범람원을 계속하여 개간했는데, 특히 양자강 하류의 범람원과 넓은 호수들을 메워 농경지 및 주거지로 탈바꿈시켰다.

두만강 하구의 습지(사진 왼쪽)와 사구로 막혀 형성된 러시아의 습지(사진 오른쪽). 두만강의 왼쪽은 북한, 오른쪽은 러시아, 아래쪽이 중국이며 사진 위쪽 멀리 동해의 수평선이 보인다. 국경 지대인 이곳에는 일반인들의 출입이 제한되어 있기 때문에 비교적 자연스러운 하천과 습지의 모습이 남아 있다.

사실 현대에 들어 전 세계의 사람들은 이러한 습지를 그간 너무 많이 없애 왔다. 인구의 증가, 도시의 확대로 주거지의 교외화가 가중되면서 필연적으로 삼림과 습지는 줄어들고, 남아 있는 습지도 오염되거나 말라 버리는 일이 비일비재하다. 도시의 편리함과 자연의 아름다움을 동시에 누리고자 하는 인간의 지나친 욕심으로 습지가 사라지고 있는 것이다.

미국에서도 이러한 도시 교외화의 확대가 이미 국가적인 사회 문제로 대두되었다. 때문에 경제 성장과 도시의 발전에 의해 망가진 자연에 대한 후회와 반성의 움직임이 일고 있다. 2008년 6월의 한 외신 보도에 따르면 미국은 플로리다주의 유명한 습지형 국립공원인 에버글레이즈 국립공원을 살리기 위하여 대규모 습지를 만들기로 했다 한다. 반가운 일이다.

에버글레이즈 국립공원은 플로리다 반도 남단에 위치한 아열대 기후 지역의 저평한 곳으로 광대한 습지를 지니고 있다. 소택지(沼澤地)와 맹그로브 숲 등이 어우러져 있는 곳이지만, 축산지와 농지 및 주거지 개발로 습지 면적이 줄어들고 있다. 또한 습지 지역의 지하수도 생활용수·산업용수로 사용되며 그 양이 감소하였는데, 이에 따라 지하수면도 낮아졌다. 결과적으로 지표면의 습지는 건조해지고 이것이 지속되면 습지는 사라지고 마는 것이다.

플로리다 주에서 추진되는 습지 복원 사업은 매우 간단하다. 인위적으로 개발하여 사용하고 있는 습지 지역의 토지를 포기하고 자연 상태로 그냥 두는 것이다. 비가 오고 물이 고이며 지하로 스며들면 지하수면이 높아지고, 이것이 지표면까지 차 올라오면 자연히 습지가 형성된다. 물이 잘 스며드는 사구와 사구 사이의 저지(低地, swale)도 오래되면 물이 차 올라 습지가 형성된다. 습지는 일반적으로 복잡한 생태계를 이루지만 훼손이 쉽다는 단점도 있다. 안면도와 태안반도의 사구와 사구저지들이 너무 많이 훼손되고 변형되었다.

습지의 생태 |

습지는 얕은 깊이에 물이 거의 흐르지 않고, 지하수면이 거의 지표면까지 올라와 있으며 습지성 식물들이 자라는 지역을 말한다. 말하자면 늘 축축하게 젖어 있는 땅으로, 육지로 변해 가는 과정에 있는 곳이다. 습지는 하천, 호수, 고산, 해안 등 다양한 지형에서 형성된다. 이 중 고산습지는 고도가 높고 협소하여 인간의 간섭에 더욱 취약하다. 최근 보존의 노력을 많이 기울이고 있지만 토양이 계속해서 건조해지면서 사라지고 있는 실정이다.

큰 하천이나 호수의 변두리, 바닷가의 석호나 갯벌 등에서 물과 땅과 생물이 동시에 만나는 습지를 쉽게 찾아볼 수 있다. 하천의 하중도(河中島)와 사주(沙洲)도 자연이 만든 습지 지형이다.

최근 들어 전 세계의 여러 나라들에서 그 중요성을 인지하여 습지를 되살리는 작업들이 진행되고 있다. 우리나라에서도 정부가 팔당호에 인접해 있는 농경지를 매입, 하천 습지로 되돌리기 위한 노력을 기울이는 중이다. 수도권 상수도원인 팔당호는 북한강과 남한강, 그리고 남한강 지류인 경안천이 만나는 곳이다. 그중 경안천에는 경기 남부가 도시화되고 근교 축산업이 성하면서 많은 오염물이 유입되었는데, 그 물이 팔당호로 흘러들면서 수질오염이 심각해졌다. 따라서 팔당호 하류 주변에 복구될 습지는 오염물을 정화시킴은 물론, 갈대밭 등 아름다운 경관을 조성하고 생물학적 다양성도 높여 줄 것으로 기대된다.

팔당호 외에 강원도 양구군, 경상남도 산청군과 합천군에서도 농경지와 주거지, 도로로 사용되던 토지를 하천에 돌려주는 작업이 이루어졌다. 강원도는 청정지역인 파로호의 상류를 형성하는 양구군 양구읍 시

내에 인접한 양구서천변의 농경지를 매입하여 호수변 습지로 되돌리고 있다. 산청군에서는 남강의 상류인 경호강(남강의 상류 부분)에서, 합천군에서는 황강에서 인공적으로 개발·이용되었던 토지를 습지로 복원시키기 위한 사업을 진행했다.

이렇게 우리나라에서도 전국적으로 크고 작은 하천의 복원 사업이 진행되고 있다. 대표적인 방법은 물길을 넓혀 물이 많이 흐르게 하고 수질도 개선하여 깨끗한 물이 흐르도록 하는 것이다. 더러는 부분적으로 수초를 심어 '인공적인' 자연 습지를 만들기도 한다. 그러나 지나친 인공적 조성으로 오히려 경관을 해치는 경우도 있다.

인간은 이미 오랜 기간 동안 습지를 개발하여 이용해 왔기 때문에, 복원을 한다 해도 예전 자연의 상태로 완벽하게 돌려놓기란 어려운 일이다. 그러나 물길을 넓혀 유량(流量)을 늘리고 하천 상류가 오염되지 않도록 지속적으로 관리하고, 콘크리트보다는 토양과 늪으로 이루어진 자연 제방으로 하천변을 조성함으로써 보다 더 자연에 가까운 환경을 만들 수 있을 것이다.

관리 면에 있어서도 도시의 '복원된' 하천은 심산유곡의 자연적인 하천과는 다름을 알아야 한다. 즉, 인공적으로 물을 흘려보내야 하고, 홍수 시에는 인공적으로 배수를 시켜야 한다. 모두 예산과 관리 인력이 요구되는 일이다. 그럼에도 불구하고 이렇게 습지형으로 하천변을 조성하면 자연스러운 정화 작용은 물론 서식하는 생물체의 종도 다양해질 수 있다.

　　　　　　　　　　사실 습지는 멀리서 보기는 좋지만 가까이 가기에는 불편한 점이 많고 위험하기도 하여 인간의 접근이 적고, 야생 동물들의 서식지가 되곤 한다. 그래서 언뜻 보면 지저분하고 정리되어 있지 않은 곳이 습지 같지만, 수초와 친수성 관목이 우거지면 새들의 보금자리가 되고 하천의 오염을 정화하는 작용도 한다.

　인간의 눈에 무질서해 보인다 해서 함부로 손을 대서는 안 되는 이유가 이것이다. 자연은 자연의 질서대로 움직이고 있기 때문이다. 너무 야생적으로 보인다고 정리가 잘 안 된 것 같은 습지를 중장비 기계를 동원하여 인간의 눈에 아름다운 곳으로 만들고자 하는 것은 생태적으로 무지한 짓이다. '친환경 생태공원'을 만든다면서 습지를 리모델링하는 과정에서 오히려 습지를 없애고 보호 조류를 떠나게 한 사례가 있다. 행주대교와 방화대교 사이의 강서습지생태공원이 그것이다. 또 겨울철 건조기에 습지의 갈대를 태워 습지 생태계 전체를 망치기도 한다.

　가장 좋은 것은 습지를 자연의 상태로 두는 것이다. 꼭 보고 싶다면 멀리서 관찰하는 조망대와 약간의 부분적인 좁은 관찰로 정도로 만족해야 한다. 하천변, 호수변, 고산 지대 등 어디든 생성될 조건이 되면 습지는 자연스럽게 만들어지고, 어떤 자연적 이유에 의해 마른 숲이 되었다가도 다시 조건이 갖추어지면 습지가 생성되는 것이 자연의 이치이다. 그러니 인간이 멀리하는 것이 인간까지도 위하는 것임을 잊지 말고, 그 이치대로 흘러가게 두자.

2008년 10월 말에 경남 창원에서 제10차 람사르 총회가 열렸다. 람사르 협약은 습지의 보호와 지속 가능한 이용에 대한 국제 협약으로, 1971년에 18개국이 모여 체결한 이래 지금까지 대한민국을 포함한 157개국이 이 협약에 가입되어 있다.

창원에서의 람사르 총회를 통해 우리나라의 우포(牛浦)늪은 세계의 주목을 받았다. 우포늪의 형성 배경과 주변 지형은 조금 뒤에서 알아보기로 하고, 우선 여기에서는 형성 시기에 대해 살펴보자.

언론에서는 우포늪의 형성 시기를 1억 4,000만 년 전 정도라고 보도했지만, 이는 틀린 주장이다. 최대한으로 올려도 최종 빙하기가 끝날 무렵인 1만 8,000년 전 이상으로는 올라가지 않는다. 이것은 무조건 최대와 최고를 요구하는 우리의 성정과 이에 맞춘 성급한 언론의 탓도 있지만 늪 지형의 형성 과정을 제대로 알리지 못하고 틀린 사실을 제대로 지적하지 못한 전공 학자들의 탓도 있다. 또한 우포늪과 가까운 곳에서 발견된 공룡과 새 등 많은 중생대 화석들도 우포늪에 '중생대의 태고의 신비를 간직한 곳'이라는 수식어를 붙이는 데 한몫을 담당한 것으로 생각된다.

우포늪의 형성 연대가 1억 4,000만 년 정도로 1만 배 이상 올라간 것은 아마도 인접 지역의 지질이 경상계 퇴적암이기 때문일 것이다. 그 지역의 지질을 보면 경상 누층군(累層群, 여러 시대에 걸쳐 쌓인 지층의 총칭)으로 중생대 백악기(6,500만~1억 4,600만 년 전)가 그 주축을 이룬다. 그

낙동강 지류인 토평천 유역에 자리 잡은 국내 최대의 자연 늪지 우포늪. 담수면적 2.3km², 가로 2.5km, 세로 1.6km에 이른다.

러나 중생대 시기에는 지금과는 판이하게 다른 지형들(바다 혹은 매우 넓고 깊은 호수의 상태) 속에서 계속 퇴적이 이루어졌고, 간간이 화산이 폭발하기도 하였으며, 침식과 융기와 침강 등도 계속적으로 이루어져 지금과는 완전히 다른 지형 경관을 가졌다. 더욱이 하천 중심의 지형들은 인간의 이용과 간섭으로 원래의 모습을 잃어 가고 있다.

한반도에서 빙하기가 물러간 시기는 보통 1만 8,000년 전으로 추정된다. 전 지구적으로 지역에 따라 1만 8,000~1만 3,500년 전까지 약간의 편차가 있다. 후빙기 최성기(最盛期)에는 지금보다 해수면이 100m 정도가 낮았는데, 이것은 그 당시 고위도 지역의 많은 대륙들과 해양이 빙하로 덮여 있었고 지표의 많은 물들도 빙하의 얼음에 갇혀 있었기 때문이

기후와 자연현상 속 지리 이야기

다. 지구가 따뜻해짐에 따라 빙하가 녹으면서 해수면이 상승하기 시작한 시기는 일반적으로 1만 8,000년 전으로 본다.

지금까지의 지형학과 지질학적 연구들을 종합하여 살펴보면 빙하기 최성기 때의 낙동강 하구는 지금보다 60km 정도 더 바다 쪽으로 나가 있었던 것으로 추정할 수 있다. 따라서 현재 우포늪이 있는 낙동강의 중하류는 지금보다 상류였고, 하류와의 낙차도 커서 보다 깊고 빠른 흐름의 하도를 지녔을 것으로 생각된다.

1만 8,000년 전 이후 빙하가 물러나면서 해수면은 서서히 높아지기 시작했다. 물론 오르내림의 변동이 있었지만 거의 지금과 같은 수준의 해수면과 해안, 하천 지형의 원형이 시작된 시기는 대략 6,000만 년 전쯤이라고 할 수 있다. 해수면이 상승하면서 낙동강 하류의 상당 부분은 물에 잠겨 바다로 바뀌고, 하구도 60km 이상 상류로 거슬러 가서 지금의 김해에 자리를 잡았다. 지금의 우포늪은 낙동강의 지류인 토평천에 자리 잡고 있는데, 6,000년 전부터 지금보다 낙동강의 수위가 급격하게 높아지며 물에 잠기면서 토평천을 비롯하여 김해의 주남 저수지, 함안군의 많은 늪 등 낙동강 중하류 일대에 많은 호수들이 만들어진 것이다.

낙동강 상류로부터 내려오는 많은 퇴적물들은 자연제방 형태를 이루며 지류인 토평천의 하구를 막아 버렸고 그로써 하류 위쪽의 토평천은 물의 흐름이 막혀 자연스럽게 호수가 되었는데, 이것이 바로 우포늪이다. 따라서 우포늪이 완전하게 형성된 것은 대략 6,000년 전으로 볼 수 있고, 더 올라간다 하더라도 빙하가 녹아 해수면이 상승하기 시작한

1만 8,000년 전 정도로 보는 것이 타당하다.

우포늪의 형성 과정 |

　　　　　　우포늪은 그 면적이 2.341km²(약 231헥타르, 약 70만 평)이며, 원래는 하나의 호수를 형성했던 목포(木浦), 사지포(沙旨浦), 쪽지벌 등을 포함하면 8.54km²(854헥타르, 약 230만 평)이 된다. 그러나 이러한 늪들을 서로 이어 주던 좁은 물목이 퇴적되어 자연제방과 비슷하게 높아졌고, 더러는 인공적으로 이러한 물목을 완전한 제방으로 만들고 부분적으로 매립까지 하면서 현재는 거의 분리되어 있다. 그럼에도 우포늪은 현재 가장 자연적으로 유지되고 있는 덕분에 아름다운 경관을 자랑하며 철새들의 도래지 역할을 하고, 농업용수 공급 및 홍수 시 물을 저류하는 기능까지 한다. 람사르 총회를 기회로 세계적인 생태연구지와 생태관광지로 거듭나게 된 것은 이 때문이다.

　1960년대만 해도 창녕, 함안, 의령, 밀양, 창원 등 낙동강 중하류에는 늪지형 호수들이 많았다. 필자가 어린 시절 살았던 함안만 해도 법수면과 대산면에 대산늪, 점늪, 구혜늪, 윤내늪, 대평늪, 시등늪, 매곡늪, 미남이늪, 수문늪, 뜬늪, 유전늪 등이 비교적 제대로 된 모습으로 남아 있었다. 지금은 매립되거나 말라 버린 곳들도 있고 흔적들만 남은 곳도 있다. 주로 자연적으로 지류에서 흘러온 퇴적물로 매립이 되거나 인공적으로는 농경지나 주거지로 개간이 되어 그 면적이 현저히 줄었다. 1960년대까지 많은 벌채가 이루어지면서 산지로부터 산사태 등으로 퇴적물이 많아 매적(埋積)이 더 심해졌다는 분석도 있다.

1910년까지 우포는 고포, 사지포와 거의 연결되어 있었다. 고포는 그 뒤 목포와 쪽지벌로 분리가 된다. 당시 호숫가에는 수초가 많은 수변생태계가 형성되었고, 홍수 시에 범람하면 모든 호수가 연결되었다. 1976년도의 위성사진을 보면 목포와 쪽지벌, 사지포는 제방 건설로 각각 우포늪과 분리되어 있었다. 배후지에서 내려온 토사들이 퇴적되고, 제방 건설로 역류나 범람이 감소되며 소택지가 되거나 농경지로 이용되어 호수의 면적은 줄어들었다. 2002년 위성사진 분석에 의하면 사지포도 다시 거의 반으로 줄어들었다. 현재는 우포 외에 목포 정도가 잘 남아 있으며 우포늪은 1997년에 생태계보전지역으로 지정되어 보존되고 있다.

대동여지도에서는 우포를 누포(漏浦)로 표기하여 물이 넘치는 곳임을 나타냈고, 동국여지승람과 대동여지도에서 토평천은 물슬천(勿瑟川)으로 표기되고 있다. 이러한 한자 지명들은 더 연구가 있어야 하겠지만 결국 많은 물을 의미한다고 하겠다.

우포늪은 본래 소가 물을 마시고 있는 형태를 띠고 있다 하여 소벌이라고도 불리는데, 소의 목 부분에 해당되는 곳에는 소목마을이 있다. 이 마을 주민들은 공식적으로 우포늪에서 고기잡이를 할 수 있지만 생태계 보호구역으로 지정된 후에는 치어 보호를 위해 어망 수가 45개로 제한되고 그물코 크기도 제한하고 있다.

과거 우리나라에는 하천습지, 고산습지, 해안갯벌, 석호습지, 인공

호습지(파라호, 진양호 등 수변습지) 등 많은 습지가 있었으나 상당수가 자연적·인공적인 요인으로 사라졌다. 이제 우포늪을 비롯하여 얼마 남지 않은 습지들이나마 잘 보존하여 자연도 살리고 바라보는 아름다움도 간직했으면 한다. 그것들은 돈으로도 살 수 없는 우리나라의 귀중한 자산이기 때문이다.

TIP

* 소택지(沼澤池, marshland) : 늪과 연못으로 둘러싸인 습한 땅으로, 얕고 수초로 덮여 있다.
* 하중도(河中島) : 하천유로 가운데 퇴적된 사주로 홍수 시에 잠기기도 한다. 인공적으로 제방을 만들고 지면을 돋우어 거주지와 경작지로 많이 이용된다.

기후와 자연현상 속 지리 이야기

08

쓰촨성의 지진으로
호수가 생겨났다고?

예측하기 어려운 자연재해, 지진 |

매년 찾아오는 태풍이나 홍수만큼은 아니지만 잊을 만하면 신문지상에 오르는 것이 지진 소식이다. 작은 규모의 지진이라면 잠시 땅이 흔들리는 정도에 그치지만, 지반이 갈라지거나 꺼지는 큰 지진은 건물과 시설들을 무너뜨리고 그것이 또 사람들을 덮치기에 엄청난 피해를 입힌다. 지진은 기후 변화에 비해 예측 가능성이 낮아 더더욱 대비하기 어려운 자연재해라 하겠다. 우리나라에서는 일본이나 중국에서와 같은 대규모 지진은 아직 발생하지 않았지만, 간간이 소규모의 지진이 일어나곤 한다.

외국의 사례들을 보았을 때 근래에 일어났던 가장 큰 지진은 2008년

5월에 일어난 중국 쓰촨[四川]성의 지진이다. 리히터 규모 8.0의 이 지진으로 자그마치 8만 명 이상의 사상자가 발생했고, 2009년 1월 현재까지도 피해가 완전히 복구되지 않은 상황이다.

지진은 지구 내부에 여전히 존재하는 많은 에너지가 지표에 표출되는 방식 중 하나이다. 지진 외에도 화산, 단층, 융기, 침강, 습곡 운동, 조산 운동, 조륙 운동 등을 통해 지구는 내부 에너지를

일본 홋카이도의 다나 단층. 지진을 야기한 단층을 보존하여 자연 학습장과 관광지로 개발하였다.

소진한다. 이 방식들은 동시에 일어나기도 하고, 지진이 발생하면 단층 작용이 일어나고 화산이 폭발하면 그 힘으로 주위에 지진이 일어나는 것처럼 서로 원인과 결과가 되기도 한다.

지진은 어떻게 발생할까? |

지진의 발생 원인을 보다 자세히 알기 위해 지구의 구조부터 살펴보자. 지구는 내부에 엄청난 에너지(열)를 가지고 있다. 지

구 내부가 뜨거운 이유에 대해서는 두 가지 추정이 가능한데, 하나는 지구가 탄생했을 당시에 발생한 열이 아직도 존재한다는 것이다. 다른 하나는 지구 내부로 들어가면서 압력이 높아지는데, 이 압력으로 인해 지구를 구성하는 물질들의 상태가 변하며 열이 발생한다는 것이다.

지각은 식어서 딱딱한 표면을 지니고 있고, 두께는 4~40km 정도로 지구 전체의 지름에 비하면 매우 얇다. 특히 육지 지각은 평균하여 약 40km 정도로 두껍고 해양 지각은 5km 정도로 얇다. 지각 아래에는 2,850km 두께의 부드러운 맨틀이 있고 그 안쪽에는 핵(core)이 있는데, 핵은 다시 외핵과 내핵으로 나뉜다. 두께 2,210km의 외핵은 액체 상태이며, 더 안쪽에 존재하는 두께 1,278km의 내핵은 압력으로 인해 고체 상태를 유지한다.

정리하자면 지각은 그 아래의 연약권(asthenosphere) 위에 놓여 움직이고 있다. 연약권 밑에 존재하는 맨틀은 대류 작용을 하면서 움직이고, 맨틀 상부와 그 위의 연약권에서는 더 많은 대류 작용이 일어나는 것으로 알려져 있다. 말하자면 단단한 지각은 움직이는 맨틀과 그 위의 연약권 위에서 조각(판, plate) 형태로 떠다니고 있는 것이다.

일반적으로 지진은 지각과 지각, 즉 판과 판이 부딪힐 때 자주 발생한다. 판과 판의 경계 지역에서 발생하는 지진대로는 환태평양 지진대와 알프스-히말라야 지진대가 대표적이다. 이들 지진대는 화산대 및 조산대와 그대로 일치한다. 말하자면 지구 내부의 에너지가 가장 많이 표출되는 곳이 이 지역들인 것이다.

그러나 판과 판이 부딪힐 때는 판의 내부에서도 그 힘이 전달되어 지진이 발생한다. 2008년의 쓰촨성 지진도 그러하고, 1976년에 일어났던 중국 탕산 지진도 마찬가지이다. 쓰촨성 지진은 남쪽의 인도판(인도 대륙과 대륙붕)이 북쪽으로 올라오며 중국의 지각을 밀어 올림으로써 발생하였다. 우리나라는 아시아판에 속하는 동시에 태평양판, 필리핀판의 영향을 받고 있고 간접적으로 인도판의 영향권에도 속해 있으므로 지진의 위험성이 전혀 없는 지역이라고는 할 수 없다. 대형 지진은 거의 없는 편이지만 원자력 발전소가 있는 동해안에서의 지각의 움직임을 예의 주시하고 있다.

판의 힘은 대륙의 지형을 바꾸기도 한다. 히말라야 산맥, 쿤룬 산맥, 톈산 산맥 등이 모두 동서로 뻗으면서 평행을 이루고 있는데, 이들은 모두 남쪽의 인도판이 중국 대륙을 밀어 올린 힘으로 탄생한 산맥들이다. 평균적으로 1년에 5cm 정도 밀려 올라간다 하니 대단한 힘이 아닐 수 없다. 이때 솟아오른 부분은 다시 풍화와 침식 작용으로 깎여 나가면서 늘 비슷한 높이를 유지한다.

예측하기 어려워 더욱 무서운 재해 |

과학 기술의 발달 덕분에 이미 일어난 지진의 정도와 진원지를 밝히는 것은 가능해졌지만, 아직도 지진 발생 시점 및 강도 등을 정확하게 예측하는 것은 어렵다. 일부 동물들은 땅의 미세한 떨림을 감지, 이동함으로써 지진으로부터의 피해를 비껴간다는

기후와 자연현상 속 지리 이야기

주장도 있다. 인간과 달리 동물들은 신경과 오감 등 몸 전체로 자연과 교감하는 존재들이니 자연의 변화에 대한 예지력도 있을 법하다.

그러나 인간으로서는 예측이 불가능하니 대피 요령을 숙지하거나 건물이나 구조물을 지을 때 지진에 대비하여 내진 설계를 하는 등이 지진에 대한 대처 방안의 전부일 뿐이다. 지진의 발생 시점과 규모를 짐작할 수 없으니 위험 지역에서의 거주를 언제까지고 금지할 수만도 없는데, 도시화·산업화의 결과로 인구 밀도가 높아지고 높은 건물들도 많이 세우면서 지진 피해가 커질 가능성은 점점 더 높아지고 있다. 예상할 수 없어 더욱 두려운 것이 지진인 이유이다.

언색호 |

쓰촨성 지진으로 언론에 자주 등장한 단어가 있었으니, '언색호 (堰塞湖, dammed lake)'가 그것이다. 언지호(堰止湖), 폐색호(閉塞湖)라고 도 하는 언색호는 지진과 폭우 등으로 계곡의 사면에서 흘러내린 많은 산사태 침식물들이 둑('언색'은 둑을 뜻한다)처럼 계곡의 물길을 막고, 그로써 상류의 물이 갇혀 생성된 호수를 뜻한다. 말하자면 자연적으로 생성된 토사댐 호수라 하겠다.

지진과 관련하여 언색호가 자주 언급되는 이유는 그것이 가진 위험성 때문이다. 높은 지대로부터 내려온 토사들이 일시적으로 둑을 형성하여 물을 가두고 있으나, 단단하게 다져진 상태가 아니기 때문에 급작스럽게 무너질 가능성이 있는 것이다. 언색호의 수위가 자꾸 올라가면 상류

쪽도 수몰 면적이 늘어나므로 피해가 예상된다. 그러나 둑의 파괴에 의해 순간적으로 하류의 주민들과 취락으로 밀어닥침으로써 발생하는 피해와는 비교가 되지 않을 것이다.

지진으로 인해 쓰촨성 주변에는 대규모 언색호가 34개나 만들어졌다고 하는데, 가장 위험도가 높았던 것은 탕자산(唐家山)의 언색호이다. 최대 높이 124m, 길이 803m, 폭 611m, 깊이 82~124m에 달했던 언색호는 폭우까지 더해져 저수량이 무려 2억 2,000만m³에 달하며 붕괴 가능성이 높아졌으나 물길을 내어 배수에 성공함으로써 고비를 넘겼다. 언색호를 없앤 것이다. 우리나라 팔당댐의 최대 저수량이 2억 4,400만m³임을 생각하면, 탕자산 언색호가 무너졌을 시의 피해는 실로 어마어마했을 것임을 짐작할 수 있다.

무엇이 한꺼번에 밀려 쏟아지는 것을 비유적으로 일컫는 우리말 중 '봇물 터시듯'이라는 표현이 있다. '봇물'은 논에 물을 대기 위해 쌓은 '보(洑)', 즉 둑 안에 가둔 물을 뜻한다. 인간은 물을 가두어 유용하게 사용하기 위하여 보를 만들고, 보를 터뜨리면 물은 힘차게 아래로 흘러 그 많은 논배미로 가며 땅의 갈증을 해소해 준다. 그러나 지진으로 발생한 언색호는 예상치 못한 채 떠안은 시한폭탄과도 같은 것이었다.

자연에 인력을 가하여 그로 인한 재해를 촉발시키는 것도 인간이지만, 머리를 맞대고 지혜를 짜내어 재해로 입은 피해를 복구하는 속도를 높일 수 있는 것도 인간이다. 탕자산 언색호로 인한 2차 피해를 막을 수 있었던 것에는 고인 물을 흘려보낼 물길을 트는 데 애썼던 중국 정부와

군의 노력이 컸고, 세계 각국 또한 복구를 위한 지원에 힘을 보냈다. 사상자 등 자연 재해로 인한 피해는 너무나 안타깝기 그지없다. 그러나 자연과 인간뿐 아니라 인간과 인간도 힘을 합하며 함께 어울려 살아가야 하는 세상임을 때로는 재해 이후의 상황을 보며 느끼게 된다.

TIP

* 연약권(軟弱圈, asthenosphere) : 물리적인 성질에 따라 지구의 층을 구분할 때, 딱딱한 암석권 아래 외핵 상부에 있는 평균 지하 100km 부근의 부드러운 부분을 말한다.

이민부의 지리 블로그

09

봄비, 가을비는 있는데
왜 '여름비'는 없을까?

한반도 여름비의 대표주자, 장마 |

　　　　　　　우리나라 노래들의 가사들을 살펴보면 봄비,
가을비라는 말이 자주 등장한다. 건기가 끝남을 예고하는 봄비가 더 많
은 것 같다. 건기가 시작되거나 끝날 무렵에 내리는 가벼운 비들이라서
그런지 그 비를 바라보는 사람들은 낭만적인 느낌을 많이 받는 것 같다.

　　반면 여름비라는 말은 가사에서는 물론 일반적으로도 잘 쓰지 않는
다. 여름에는 비가 많고 종류도 다양하여 장맛비, 소나기, 태풍에 의한
비 등 여름철 비를 일컫는 표현들이 많기 때문이다.

　　본래 한반도의 여름비의 대표주자는 장마이다. 중국과 일본에서는 장
마를 매우(梅雨)라고 부르는데, 매화 열매가 익을 무렵에 찾아온다고 해

기후와 자연현상 속 지리 이야기

서 붙여진 이름이다. 발음은 같지만 '곰팡이 비'라는 뜻의 매우(霉雨), '오래 지속되는 비'라는 뜻의 장림(長霖)과 구우(久雨), '많이 오는 비'라는 의미의 적우(積雨), 그리고 글자 그대로 장맛비를 뜻하는 임우(霖雨) 등 장마의 명칭에도 여러 가지가 있다.

일반적으로 우리나라의 장마 기간은 6월 하순~7월 하순 정도가 된다. 장마는 동북아의 전형적인 몬순 현상 중 하나이고, 기상학적으로는 불안정한 날씨를 가져오는 장기간의 정체 전선으로 정의된다. 한 달여 동안 지속되는 장마는 공기를 눅눅하게 하여 사람들에게는 반갑지 않은 손님일지 모르나, 자연의 관점에서 보면 식생을 풍부하게 하고 토양 형성에도 영향을 주며 하천 유량을 풍부하게 만든다는 장점이 있다.

장마에 비가 적으면 농업과 생활용수의 공급에 문제가 생긴다. 제대로 된 장마 기간에는 불규칙하고 어두운 색을 띠는 비구름(난층운)이 형성되면서 제법 많은 비가 내린다. 사실 장마철에 비가 제대로 와야 가뭄을 면한다. 장마가 시작될 때는 모내기를 마치고 모가 한창 자라야 할 때이기 때문이다.

기단과 전선, 그리고 장마 |

장마의 발생 원리를 이해하기 위해서는 기단과 전선 등 몇 가지 기상학적인 개념을 알아야 한다. 기단(氣團, air mass)은 온도·습도 등에서 동일한 특성을 지닌 공기 덩어리를 뜻하고, 전선(前線)은 발생지가 서로 다른 두 기단의 경계인 전선면과 지표면이 마주치는 선을 의미한다. 전선 양쪽의 기온과 밀도 등은 다르고, 기류가 수렴됨에 따라 전선 가까이에서는 상승기류가 왕성하기 때문에 수증기의 응결이 일어나 강수 현상을 동반하는 경우가 대부분이다.

전선의 종류로는 온난한 기단이 한랭한 기단으로 다가와서 불연속면을 만드는 온난전선(warm front), 온난한 기단으로 한랭한 기단이 다가와서 만들어지는 한랭전선(cold front)이 있다. 세력이 강한 쪽이 이동하여 전선을 만들며, 이동하는 쪽의 이름을 붙인다. 정체전선(stationary front)은 온난과 한랭 양쪽 기단의 세력이 비슷하여 움직임이 없는 전선을 말하는데, 이것이 바로 장마전선의 특성이다. 폐색전선(閉塞前線, occluded front)은 상승하는 상태에서 온난전선과 한랭전선이 서로 뒤를 따르며 엉겨 있는 상태이다.

그렇다면 우리나라의 장마는 구체적으로 어떻게 만들어질까? 우리나라의 장마선선은 북태평양기단과 오호츠크해기단이 만나 생긴 경계면이 동서로 길게 이어지며 형성된다. 두 기단 모두 습한 성질을 가지고 있기 때문에 이 장마전선 지역에는 구름이 많이 생기고 집중적으로 비가 내린다.

북태평양에서 발원하는 북태평양기단은 한반도의 여름철 날씨에 가장 많은 영향을 미치는 기단이다. 고온다습한 성질을 띠므로 이 기단의 세력이 강해지면 우리나라의 여름은 후덥지근해진다. 반면 오호츠크해에서 발달하는 오호츠크해기단은 다습하지만 기온이 낮은 기단으로, 우리나라의 봄철 기후에 영향을 미치며 높새 현상도 일으키기 때문에 장마 전의 건조한 날씨를 만든다. 발원지의 규모가 작기 때문에 세력도 강하지 않지만, 잘 발달하면 북태평양기단의 북상을 방해하기 때문에 강수량을 줄이고 냉해를 끼칠 가능성도 있다.

일기예보를 보면 '장마전선이 북상했다', '장마전선이 남하했다' 등의 표현을 들을 수 있다. 전자는 곧 북태평양기단의 세력이 강해져 오호츠크해기단과의 경계면을 북쪽으로 밀어 올렸다는 것을 뜻하고, 후자는 그 반대의 상황을 뜻한다. 이렇게 두 기단이 한 달여에 걸쳐 서로 세력 다툼을 하기 때문에 장마전선은 한반도 위에서 오르락내리락하며 비를 뿌리는데, 이것이 장마인 것이다.

장마철의 일반적인 강수량은 200~300mm이며 제주도와 광주를 포함하는 남부 중서부 지역에서는 400mm가 넘기도 한다. 지형성 강우도 작용하여 남서풍으로 다가오는 비구름을 막는 산지 등(광주산맥, 차령산맥, 태백산맥 등의 바람맞이 쪽)에서는 강수량이 더 많다.

장마가 사라지고 있다? |

오호츠크해기단에 비해 북태평양기단이 가지는 특징 중 하나는, 기단의 규모가 크고 이동 속도 또한 느리기 때문에 일정 지역에 오랜 기간 동안 머문다는 것이다. 이러한 특성 때문에 북태평양기단은 장마가 끝난 후 우리나라 전역을 덮게 되고, 그로써 맑고 무더운 날씨가 본격적으로 나타나게 된다.

그런데 몇 해 전부터는 무더위와 더불어 소나기성 폭우가 빈번하게 지속되고 있다. 밤에는 섭씨 25도 이상의 열대야가 지속되는데도 비가 내리는 횟수는 잦아진다. 열대야 일수도 서울에서는 2003~2007년간은 4.8일이었는데 2008년 8월에는 이미 그것을 넘어선 6일을 기록할 정도로 늘어났다.

원인을 생각해 보면 다음과 같다. 태풍보다는 조금 약한 열대 지역에서 발달한 열대성 저기압은 온도가 높고 수분이 많은데, 이것이 매해 장마 후에 한반도를 찾으며 고온다습한 북태평양고기압과 지속적으로 충돌하면서 비를 내리는 것이다. 고기압과 저기압이 충돌하면 비가 오는데, 기압 차가 많으면 비의 양도 더 많다. 최근 몇 해의 경향을 보면 고기압과 저기압의 충돌이 한반도에서 지속적으로 이루어지는 것 같다.

여름에 하도 비가 많이 오니 2008년 8월, 기상청에서는 설립 이래 처음으로 2008년에 장마 종료 시점을 발표하지 않았다. 예측이 갈수록 어렵고 따라서 예보의 정확도도 떨어지기 때문이다. 더불어 기상청은 우기(雨期)를 도입할 예정임도 밝혔는데, 이는 곧 한반도의 기후가 건기와 우기로 나뉘고 비가 내리는 기간이 과거보다 길어진다는 것을 뜻한다. 또한 열대야와 무더위도 같이 발생하므로 거의 아열대 몬순 기후로 변해감을 의미한다. 즉, 전통적인 기후에 의한 한반도의 강우 체계가 급격하게 바뀌고 있는 것이다.

이러한 기상·기후적 변화는 지구 환경의 변화와 관계가 있을 것으로 추정된다. 장마도 지구대순환 체계 중 하나라 할 수 있는데, 지구온난화가 지구대순환 체계에 영향을 미치며 엘니뇨를 발생시키듯 우리나라의 전통적인 장마 현상도 바꾸고 있는 것이다.

  지구온난화에는 인간의 책임이 크다. 어찌 보면 기후를 바꿀 정도로 인간의 힘은 대단하다고 할 수도 있겠다. 그러나 그로 인해 작게는 새로운 기후에 적응해야 하는 불편, 더 나아가서 환경 변화로 인하여 자연재해 등의 부작용이 발생할 것을 생각하면 전 인류는 자연 본래의 질서를 되돌리기 위해 많은 노력을 기울여야 할 것이다.

TIP

* 비구름 : 난층운 혹은 비층구름이라고도 한다. 보통 대기권 2~7km 사이에 나타나지만, 때로 구름의 높이가 지상 200m 정도까지 낮아지기도 하며 구름의 꼭대기가 5,000m 정도에 이른다. 구름층이 아주 두껍기 때문에 구름 밑의 부분이 암흑색으로 보이고, 짧은 시간에 갑자기 많은 비나 눈을 뿌릴 때가 많다.

상황이 계속된다면 지리교과서나 지리부도에 실리고 있는 우리나라의 자연 환경 및 자연 생태는 매년 새로 바뀌어야 할 것이다.

온실효과란 무엇인가 |

이산화탄소에 의한 대기의 온도 상승은 온실효과라는 현실로 요약된다. 원래 태양에너지는 단파 형태로 지구에 도달한 후에 장파 형태로 바뀌어서 대기 바깥으로 빠져나가야 한다. 그런데 대기 중에 이산화탄소와 같은 온실기체들이 많으면 이러한 태양에너지가 대기 바깥으로 빠져나가지 못한 채 지구를 덮힌다. 이렇게 온도가 상승하는 지구를 온실에 비유하여 온실효과라 한다. 이산화탄소, 메탄, 일산화탄소, 오존 등이 이러한 온실효과를 일으키는 온실기체의 대표적인 예이다.

온실효과로 해안에서는 어떤 일들이 일어날까? 먼저 남북극의 빙하 및 고산지의 산악 빙하가 녹아 바다로 흘러들어 해수면이 높아질 것이다. 또한 바닷물의 온도도 높아짐에 따라 해수 입자들도 팽창되는데, 이렇게 팽창된 해수는 파도의 작용으로 더 거세게 육지 쪽으로 침식을 가하게 된다.

온실효과는 해수면 상승의 직접적인 원인도 되지만, 지표면의 온도를 상승시킴으로써 간접적인 원인도 제공한다. 한대 지역이나 툰드라 기후 지역은 열대나 아열대 등 저위도 지역보다 온실효과의 영향을 더 많이 받는데, 이로써 영구동토대(永久凍土帶), 즉 월평균 기온이 영하인 달이 반 년 이상 계속되어 땅속이 1년 내내 언 상태로 있는 지대가 줄어든다.

미국 글래시어 국립공원의 만년설. 지구온난화에 의해 산악 빙하는 점차 줄어들고 있다.

영구동토대의 얼음은 빛을 반사함으로써 지표면의 온도를 떨어뜨리는 역할을 한다. 그런데 지구온난화로 얼음의 면적 및 얼음 상태의 시간이 줄어들면 지표면에 흡수되는 에너지도 증가하고, 결과적으로 대기의 온도가 높아진다. 이로 인해 늪지가 많아지고, 늪지 증가에 따라 태양에너지 흡수 또한 많아져 동토대의 얼음은 더욱 줄어드는 가속화 효과가 나타난다. 이를 알베도 효과(albedo effect)라 하는데, 북극해가 녹는 원인 중 하나가 이것이기도 하다.

　해수의 온도가 상승하면 육지에서 유입되는 담수가 많아지고, 담수의 양이 증가하면 해수의 염도가 낮아진다. 이는 해류의 새로운 움직임을 불러오고, 전체 지구에 기후의 변화를 일으킨다.

해류는 바닷물의 온도 차이, 염도 차이, 밀도 차이 등에 의하여 움직인다. 일반적으로 해류는 저위도의 많은 에너지들을 고위도로 이동시키는 역할을 한다. 해류의 역할이 둔화되면 일시적이지만 고위도에도 한파가 밀어닥칠 수 있기 때문에, 어떤 이들은 지구온난화에 의해서 한파가 온다고 주장한다. 영화 〈투모로우〉도 이러한 가설을 기초로 하여 만들어진 영화이다. 특정 지역에서 짧은 기간 동안에 이러한 재앙이 올 수도 있다.

영화 〈투모로우〉. 지구온난화에 따른 급격한 기후 변화로 위기에 직면한 지구를 다루었다.

해수면이 상승하면 다른 한편으로는 산호초로 이루어진 고도(高度)가 낮은 대양의 섬들이 가장 큰 타격을 받을 것이다. 섬 자체가 사라지는 것이다. 그뿐 아니라 해안들도 파도에 침식당하고, 낮은 해안에 위치한 평야의 많은 부분들은 침수될 것이다. 이제 인류에게 주어진 선택은 지구온난화를 저지시키거나, 아니면 해안을 따라 펼쳐 놓은 그 많은 찬란한 문명의 상징과 편안한 일상생활을 지키는 것에 더 많은 노력을 기울이는 것이다.

지켜야 할 환경 속 지리 이야기

그러나 해수면의 상승은 한 지역에만 국한된 일이 아니라, 전 지구의 모든 해안에 동시에 나타나는 현상이다. 그렇다고 해수가 상승될 것을 우려하여 모든 해안에 콘크리트 벽을 쌓아 올릴 수도 없는 노릇이다. 그러니 지구온난화가 지속되면 우리는 해수면이 높아지고, 땅이 침수되어 가는 것에 적응하며 살아갈 수밖에 없을 것이다.

카트리나가 경고한 지구온난화 |

허리케인 '카트리나'에 의한 2005년 뉴올리언스의 비극은 지구온난화의 무서움을 한눈에 보여 주었다. 자연재해를 통해 그간 자연이 인류에게 경고해 왔던 환경재앙 중 가장 강한 메시지가 카트리나를 통해서 전달되었다고 할 수 있다. 학자들은 뉴올리언스의 비극에는 이산화탄소의 과다 배출에 따른 지구온난화가 크게 기여했다고 주장한다. 단순한 자연재해나 미국의 지리적 특성으로 인한 재앙으로 생각할 것이 아니라, 보다 넓은 시각에서 지구온난화로 인한 피해임을 인지해야 할 필요성이 여기에 있다.

인간에 의하여 조장되어 온 지구온난화가 해양에 미친 영향은 크게 해수면 온도의 상승에 따른 해수의 부피 팽창과 빙하 융해에 의한 해수면의 상승 두 가지로 요약할 수 있다. 그중 해수면 온도의 상승은 허리케인에 보다 강한 바람과 많은 비를 가져다 준다. 허리케인의 세력이 커지니 피해 또한 커지는 것은 자명한 일이다.

그렇다면 왜 뉴올리언스의 비극을 인재(人災)라고 하는 것일까? 평상시의 관리 소홀, 재난 대비책의 미비 등도 문제였지만 많은 물을 모아두는 습지, 호수들을 인위적으로 메우거나 도시화 시설로 만들면서 생긴 보다 근본적인 재난이라는 뜻이다. 자연 스스로 정화하여 막거나 제어할 수 있는 상황을 인간이 억지로 망가뜨렸기 때문이다. 즉, 해수면 온도 상승으로 인한 강력한 허리케인, 물의 수용을 도와주는 습지와 호수를 파괴하고 그 자리에 세워진 도시 등이 뉴올리언스의 피해를 만든 근본 원인들인 것이다.

카트리나의 비극이 우리에게 경고하는 가장 무서운 점은 이러한 재해가 특정 지역이나 특정 시기에만 나타날 수 있는 것이 아니라 바다를 끼고 있는 해안이라면 언제든지 등장할 가능성이 있다는 것이다. 비록 규모가 다르더라도, 우리는 점점 더 큰 비극을 부를 수 있는 자연재해의 위험을 내포하면서 살고 있는 것이다.

지구온난화, 대책은 있는가?

그동안 우리들은 지구온난화를 막기 위하여 교토의정서를 만들어 그 협정에 모두 참가하고자 노력해 왔다. 또한 청정한 대체에너지 개발을 연구하고, 환경 교육도 강화하고 있다. 그러나 현실에서 나타나는 환경 악화의 지표들은 이러한 노력들이 턱없이 부족하다는 것을 보여 준다.

더욱이 인류는 지구온난화를 막기는커녕 그것을 일으키는 행동에 박차를 가하고 있다. 해안사구를 파헤치고, 간석지를 매립하고 더 많은 시설을 만들어 높은 파도의 공격을 야기하고 있다. 바다는 우리에게 계속 크고 작은 경고장을 보낸다. 지구를 식히지 않으면 비극은 계속될 것이라고 말이다.

혹자는 지구온난화의 주범인 화석연료, 즉 석유, 천연가스 등의 자원이 고갈되어서 에너지 사용이 줄어들면 자연스럽게 지구온난화의 상황이 나아질 거라는 안이한 말을 하기도 한다. 그러나 석유 사용이 줄어든다고 우리가 화석연료 자체를 쓰지 않는다는 것은 현실적으로 불가능하다. 예를 들어 대체에너지로서 과거에 사용하던 석탄이 다시 각광 받을 수도 있기 때문이다. 따라서 지구온난화를 막기 위한 논의는 '인류 전체의 삶의 변화'라는 거시적인 측면부터 대체에너지 개발 등을 포함한 구체적인 측면까지 다루며 총체적으로 이루어져야 할 것이다.

TIP

* 툰드라 기후(tundra climate) : 한대 지역 중에서도 냉대에 가까운 부분으로 동토 기후라고도 한다. 북극해 연안을 중심으로 발달하고 있으며 여름철 짧은 기간 습지와 초본류가 나타난다. 이 기후에서는 농경은 불가능하고 수렵에 의존한다.
* 영구동토대(永久凍土帶, permafrost) : 월평균 기온이 영하인 달이 반 년 이상 계속되어 땅속이 항상 얼어 있는 지대이다. 시베리아 북부의 가장 깊은 곳은 지하 50m에 이르기도 하며 남쪽으로 갈수록 얕아진다.
* 알베도 효과(albedo effect) : 알베도는 지표면이 햇빛을 반사하는 정도를 말한다. 지표면의 평탄한 얼음은 물로 이루어진 표면보다 반사를 많이 하여 알베도가 높다. 얼음이 물로 변하면 알베도가 낮아져 열 흡수가 많아지는데, 이로 인하여 얼음을 가속적으로 녹이는 효과를 알베도 효과라고 한다.

이민부의 지리 블로그

02

바닷가의 백사장, 왜 점점 줄어들까?

암석과 바람이 만나 태어나는 모래 |

강렬한 햇빛 아래 반짝이는 푸른 바다와 하얗게 펼쳐진 백사장. 해안가에 자리 잡고 있는 유명 여행지에 가면 으레 이런 근사한 풍경을 담은 엽서들이 있다. 바다나 백사장 중 하나만 담고 있다면 그렇게 멋있어 보이지는 않을지도 모르겠다. 백사장이 있어 바다는 더욱 푸르게 보이고, 바다 덕분에 백사장의 흰빛은 더욱 빛난다. 그런데 백사장의 그 많은 모래들은 어디에서 온 것일까?

강가나 해안가에 형성되는 모래밭은 주위의 산지나 해안의 암석들이 풍화, 침식된 것들이 쌓이며 만들어진 것이다. 주로 밝은 빛을 띠고 있지만 모래의 색은 발원지의 암석에 따라 다르다. 백사장에서 흔히 보는 모래는 화강암이나 화강편마암, 편암류와 같이 규사질이 많은 암석에서 나온 것으로, 이들이 전형적인 모래색, 즉 밝은 노란색을 띤다. 김소월의 유명한 시 '엄마야 누나야'에 나오는 '금모랫빛'은 아마도 이러한 모래의 색을 표현한 예일 것이다.

　제주도에는 풍화에 강하고 검은색을 띠는 현무암질이 많아서 모래 역시 굵고 검은색이다. 조개껍질이 많이 부서져 만들어진 모래는 백색이고, 현무암과 조개껍질 조각이 적절히 섞이면 회색의 모래가 된다. 또한 모래가 쌓여서 생성된 퇴적암인 사암이 산화되어 풍화 작용을 거치면 붉은색 모래가 나온다.

바닷모래가 사라지고 있다 |

　　　　　　바닷모래는 일반적으로 사퇴, 사빈, 사구로 연결되어 있다. 사퇴(sand bank)는 해저에 잠겨 있는 모래로서 물 위에 드러나지 않는 부분이고, 사빈(sand beach)은 해수욕장의 백사장처럼 바다와 육지의 경계를 이루는 부분이다. 이 사빈의 모래가 건조한 날, 바람에 날려 뒤쪽에 쌓이며 언덕을 만든 것이 사구(sand dune)이다. 사구는 오래되어 안정되면 소나무 숲으로 변하여 배후의 마을과 농경지를 바람으로부터 지키는 방풍림 역할을 한다. 건설 공사에 사용되는 해사(海沙)는 지형학적으로는 사퇴와 사빈, 사구를 모두 포함하는 말이지만 최근에는 주로 사퇴에서 건져 올린 골재용 모래를 지칭하기도 한다. 하천의 모래가 모자라 사용되곤 한다.

겉보기에는 그 분량이 늘 일정해 보이지만, 조류 및 파도의 영향으로 바닷모래들은 항상 움직이고 있다. 다만 들어오고 나가는 모래의 양이 대략 균형을 이루므로 우리의 눈에는 일정한 것처럼 보이는 것이다. 이 것은 동적 평형의 한 사례이다.

그러나 이렇게 항상 일정할 것이라 생각되던 바닷모래가 점점 줄어들고 있다. 바닷가의 모래가 줄어든다는 것은 해안가 백사장의 폭이 짧아 지고, 그에 따라 점차 드러나는 자갈이나 암반 등을 통해 알 수 있다. 더불어 바다 쪽으로 향하는 백사장의 경사도도 심해지고, 태풍 등에 의해서 심각하게 모래가 쓸려 가면 백사장이 수직으로 잘린 형태도 나타난다. 2005년 여름과 가을에는 동해 쪽의 강릉 해수욕장과 화진포 해수욕장에서 이런 현상이 나타나서 1m 정도의 모래 절벽이 만들어진 예가 있었다.

바닷모래의 동적 평형이 무너지는 것은 주변의 환경이 바뀌기 때문이다. 그 환경은 기상과 기후의 변화, 주변 해안 지형의 변화, 내륙의 지형과 환경 변화, 인공적인 구조물의 영향, 지구온난화에 의한 해수면의 변동, 드물게 지진파(쓰나미)의 영향 등이 있다.

해안과 직교하는 방파제나 돌제(突堤, groin)를 만들면 해류를 맞이하는 쪽, 즉 모래를 운반 받는 쪽에는 모래가 쌓이나 그렇지 못한 곳은 모래가 파인다. 해수면이 상승하면 당연히 모래가 잠기고, 잠기는 분량에 더하여 파도의 작용이 더 심해져서 해안 사빈의 분량은 줄어들고 물 속 사퇴의 분량이 늘어난다. 이것을 '브룬의 원리(Bruun's rule)'라고 한다.

경남 통영시 매물도의 돌제. 연안류와 파랑을 막는 방파제 기능과 부두의 기능을 겸한다.

또한 사람들은 토사가 무너지는 것을 방지히기나 시설·도로로 사용하기 위해 사빈에 축대를 쌓는데, 이것이 지나치게 해안 쪽으로 돌출되어 있으면 파랑이 거셀 때 밀려오는 파도가 힘을 줄이지 못하고 그대로 축대에 반사되어 부딪히며 모래를 함께 쓸고 나가는 반사파(反射波) 현상이 일어난다. 이러한 반사파 현상은 축대가 존재하는 한 돌이킬 수 없는 것이므로, 축대 건설에 있어 더욱 세심한 검토가 선행되어야 한다.

바닷모래의 채취로 바다가 위험해진다 |

콘크리트는 시멘트에 모래와 자갈, 골재 따위를 적당히 섞고 물에 반죽한 혼합물로서, 토목 공사나 건축에서 주로 사용되는 재료이다. 모래는 콘크리트를 만드는 주재료이기 때문에 과거 지자체들은 해당 지역에 있는 모래를 팔아 행정비를 충당하기도 했다.

그런데 이렇게 마구 모래를 퍼내다 보니 문제가 생겼다. 2006년 한국해양수산개발원의 연구보고서에 따르면 골재용 바닷모래는 앞으로 40~50년 정도 사용할 양밖에 남지 않았다고 한다. 사용할 양이 줄어든다는 것보다 더 우려되는 점은 무분별한 바닷모래 채취가 자연재해를 일으킬 위험이 있다는 것이다.

육지를 형성하는 사빈과 사구의 모래를 골재용으로 채취하는 경우는 드물다. 따라서 바다 속 사퇴에서 건져 올린 모래들이 골재로 사용되는데, 문제는 사퇴에서 건진 모래라고 해도 이 모래들의 공급원이 결국은 육지라는 것, 그리고 사퇴는 해안선에 횡단하여 사빈과 사구와 연결되어 있다는 것이다.

사퇴는 물에 잠겨 있기 때문에 수면 위로는 보이지 않지만, 사빈 아래에 인접해 있는 사퇴가 사라지면 파랑에 의해 깎인 사빈의 모래가 사퇴로 들어가기는 하나 다시 파랑의 힘에 의해 사빈으로 돌아가는 모래들은 줄어들기 때문에 사빈이 빈약해진다. 풍랑이 강할 때에는 사구의 전면까지 파랑에 깎여서 사빈으로 이동된다. 그런데 사빈의 모래가 줄어드니 다시 바람에 의해 사구로 돌아가는 모래의 양 역시 줄 것이고, 가뜩이나 빈약한 사빈인데 그중 적게나마 사구로 돌아가는 모래도 있으니 사빈의 모래 양은 더욱 감소할 것이다.

실제로 사퇴에서 많은 모래들이 채취된 서해안의 사빈은 폭이 줄어들었거나 심하면 모래가 모두 사라지고 자갈이 드러난 곳도 있다. 얇게 덮

인천시 옹진군 굴업도의 사빈. 사빈의 모래는 한강 등 육지의 대하천에서 유래된 것으로 보인다.

인 자갈들은 바로 기반암이 파랑에 부서진 것으로, 이것들을 약간 걷어 내면 바로 기반암이 드러난다. 이것은 오랜 세월 동안 파랑에 의해 둥글어진 자갈들로 형성된 자갈 해안[역빈(礫濱), gravel beach]과는 다르다.

이렇게 해빈에 인접한 사퇴가 줄어들면 최근 지구온난화의 영향으로 상승한 해수면의 침식 작용을 완충시키는 장치가 사라지는 셈이므로 피해가 가중된다. 여기에 앞서 언급한 방파제나 돌제가 연안류의 흐름까지 막으면 해안 침식은 더욱 심해지고, 파랑의 힘은 예전보다 점점 더 육지 쪽으로 밀려들 것이다.

자연의 모든 것이 그렇듯, 사퇴와 사빈과 사구는 서로 연결되어 있다. 사퇴는 사빈을 보호하고, 사빈은 사구를 보호하며, 사구는 마을과 사람들이 모여 있는 해안을 보호한다. 때문에 이러한 보호의 연결 고리가 한 군데에서 끊어지는 것은 곧 그 지역 전체가 바다의 위험 앞에 그대로 노출되는 것과 다름없다. 모래와 같은 자연 자원을 개발에 사용하는 것도 좋지만, 본래의 환경과 경관을 해치지 않는 지혜가 필요하다. 사빈과 사구, 사퇴가 우리를 보호하듯, 우리도 그들을 보호해야 한다.

TIP

* 동적 평형(動的平衡, dynamic equilibrium) : 외관상으로는 정지해 있거나 변화가 없는 것처럼 보이지만 실제로는 정반응과 역반응이 진행되고 있는 상태. 서로 반대 되는 두 반응의 속도나 크기가 같기 때문에 겉으로는 일정한 상태를 유지하고 있는 것처럼 인식된다. 백사장에서의 동적 평형은 곧 들어오는 모래와 나가는 모래의 양이 비슷하다는 뜻이며, 이들이 달라지면 평형 상태가 깨지고 새로운 평형 상태로 나아간다.

* 자갈 해안(역빈, gravel beach) : 모래 대신 자갈들로 해변이 이루어진 해안. 지중해 북부 이탈리아반도와 발칸반도 사이에 있는 아드리아해의 해변이 자갈 해안으로 유명하다.

03

엄청난 크기의 호수가
갑자기 사라진 이유는?

빙하가 녹아내려 사라진 호수 |

　　　　　　2007년 6월 22일, 칠레의 한 호수가 갑자기 사라졌다는 뉴스가 전 세계에 전해졌다. 칠레 남부 마가야네스 지역의 베르나르도 오이긴스 국립공원에 있는 2ha(약 6,000 평) 면적의 호수, 정확히 말하자면 호수에 있던 물이 완전히 사라진 것이다. 뉴스에 의하면 5월말 공원 직원이 순찰을 하는 과정에서, 3월까지는 있던 호수가 없어졌음을 발견했다고 한다. 그리고 6월 20일경 지질학자들을 중심으로 그 원인에 대한 설명이 나왔다.

　　원래 그 호수는 빙하호(氷河湖)로 산악 빙하가 계곡을 막아서 만들어진 호수였다. 그런데 지구온난화로 댐 기능을 하던 이 빙하가 녹아 사라지면서 물이 순식간에 흘러내렸다. 말하자면 댐이 무너진 것과 같은 효과가 이 호수에서 발생한 것이다. 흘러내린 물은 남은 빙하들도 쓸어 갔다. 아마도 사람들의 출입이 드문 국립공원의 보존지역이라 늦게 알려졌던 모양이었다.

호수의 종류 |

전 세계에는 수많은 호수가 있고, 그 형성 원인과 과정도 다양하다. 두 개의 단층 사이에 생성된 골짜기 사이에 생긴 호수는 열곡호(裂谷湖, rift valley lake)라고 하는데, 시베리아 남동쪽에 있는 세계에서 가장 오래되고 가장 깊은 호수인 바이칼 호(Lake Baikal)가 대표적이다. 바이칼 호는 2,600여 종의 동식물이 살고 있는 생물종다양성의 보고(寶庫)로 1996년 유네스코 세계자연유산으로 지정되었다.

염호(鹽湖)는 물 1ℓ당 무기염류량이 500mg 이상인 호수로, 중동의 사해(死海, Dead Sea)와 동부 아프리카의 탕가니카 호(Lake Tanganyika) 등이 그 예이다. 사해는 이스라엘과 요르단에 걸쳐 있는데, 요르단 강이 흘러들지만 물이 빠져나가는 곳은 없고 건조 기후이기 때문에 유입량과 같은 양의 증발이 일어난다. 따라서 염분 농도가 매우 높은데, 호수 표면의 염분 농도는 해수의 5배인 200퍼센트에 이를 정도여서 생물이 살지 못한다. '죽음의 호수'라는 뜻의 사해라는 이름이 붙은 이유이다. 탕가니카 호는 동아프리카 대지구대(大地溝帶)에 있으며 아프리카 대륙에서 빅토리아 호 다음으로 큰 호수이다.

미국 크레이터 레이크(Crater Lake) 국립공원의 칼데라호.

우리나라 한라산의 백록담은 화산이 폭발한 분화구로 분출물들이 다 빠져나오고 그 빈 공간이 주저앉으면서 생긴 화구호(火口湖)이다. 세월이 흐름에 따라 주위의 외륜산(外輪山, somma, 호수를 둘러싼 산)들이 풍화, 침식되면서 호수를 메워 나가지만 그래도 오랜 기간 동안 큰 호수가 존재한다. 주위의 외륜산들이 화산 폭발 당시 많이 무너지면 호수는 더 커져 칼데라호(caldera lake)가 된다. 백두산의 천지가 이러한 칼데라호에 속한다.

한편 대륙 빙하로 인해 생긴 미국의 오대호(五大湖, Great Lakes, 북아메리카 대륙의 동부에 있는 거대한 호수군)도 있다. 산악 빙하가 아닌 대륙 빙하에 의해 넓게 파인 곳을 퇴적물이 막아서 만들어진 호수로, 면적은 24만 4,940km²이다. 상류로부터 슈피리어 호(8만 2,360km²)·미시간 호(5만

미국 글래시어 국립공원의 빙하호. 빙하 퇴적물에 막혀 형성되었다. (사진 제공 : 박재철)

8,020km²) · 휴런 호(5만 9,570km²) · 이리 호(2만 6,720km²) · 온타리오 호(1만 9,680km²)의 5개 호수가 있다. 만일 이렇게 산악 빙하에 의해 파인 부분이 막히지 않아 바닷물이 들어오면 피오르드(fjord, 빙식곡이 침수하여 생긴 좁고 깊은 후미)가 된다. 피오르드 지형은 노르웨이와 뉴질랜드 해안에 많고, 훌륭한 관광자원이 되고 있다.

때로는 산사태가 일어나 그 흘러내린 퇴적물이 계곡을 막아서 호수가 되기도 한다. 화산쇄설물이 계곡을 메우는 경우에도 호수가 만들어진다.

이렇게 호수란 물을 막는 어떤 물질로 인해서 생기는 것이다. 그런데 이렇게 댐을 형성하는 다양한 물질들이 사라지면 호수도 줄어들거나 사라진다.

우리나라의 호수들 |

　　　낙동강의 우포늪과 주남 저수지 등은 강의 본류로 흘러들어가는 지류들이 본류의 퇴적물에 의해 막혀서 만들어졌다. 모래와 자갈 등 강 본류의 퇴적물이 댐의 역할을 한 것이다. 댐의 역할을 하는 퇴적물들이 점점 늘어나면 자연제방이 되기도 하고, 마을이 들어서기도 한다. 이러한 지형적 요인에 의해 형성된 호수들은 주로 낙동강 주변에 많은데, 개발 등의 이유로 인공적 혹은 자연적으로 메워지며 그 수와 크기가 많이 감소하고 있다. 최근에는 이런 호수와 저수지들이 없어지는 것이 자연에 큰 영향을 미치는 것으로 밝혀져 습지를 보전하는 데 힘쓰고 있다.

　　동해안의 많은 석호(潟湖)는 연안류에 의해 만들어지는 사빈이나 사

충북 청원군의 미호천 구하도. 본래 늪지였으나 점차 메워지고 있다.

주가 해안에서 안으로 들어간 부분이나 하천이 흘러드는 부분을 막음으로써 만들어진 것이다. 경포호, 청초호, 영랑호, 송지호, 화진포호 등이 현재 동해안에 남아 있는 석호라고 할 수 있다. 그러나 이들도 자연·인공적인 이유로 과거보다는 많이 그 크기와 양이 줄어든 상태이다.

또 우리가 보존해야 할 가치가 높은 자연환경으로 고산 늪지(swamp, 수심 3m 이하의 호수와 비슷한 물웅덩이)가 있다. 국내 최고(最古)의 고산 늪지 가운데 하나인 울산 정족산의 무제치늪, 강원도 양구군 해안분지에 있는 대암산의 늪지 등이 그것이다. 우리 국토 곳곳의 높고 낮은 산지에 알게 모르게 이러한 고산 늪지들이 존재한다. 많은 유기물들과 굵은 나뭇가지, 나뭇잎들이 섞여 자연적으로 물을 막는 댐의 역할을 하고, 이것이 늪지가 된 것이다. 그러나 이러한 댐의 역할을 하는 것들이 손상되면, 늪지의 물은 빠져나가고 건조해지면서 초지(grass)로 변한다. 그리고 이것이 나중에는 삼림(forest)으로 변한다.

이것이 자연적으로 이루어질 때는 천이(遷移) 과정을 겪는데, 한반도 중부 철책선 지역의 철원·평강 용암대지가 그 예이다. 지금으로부터 약 15~27만 년 전, 이 지역에서는 용암이 폭발하여 한탄강을 따라 흘러내렸을 것으로 추정된다. 지형 및 층서 연구에 의하면 이 용암은 한탄강의 지류인 영평천(포천)과 차탄천(연천)의 입구를 막아서 최소 2~3만 년의 상당한 기간 동안 호수로 존재하였다. 후에는 입구의 용암이 뚫려 호수의 물이 다시 하천으로 돌아갔다. 또한 연천읍의 낮은 바닥에는 9m 두께의 호수에서만 쌓이는 점토층이 형성되어 있다. 영평천 바닥에는

지켜야 할 환경 속 지리 이야기

경기도 연천의 차탄천 경관. 과거 철원과 전곡의 용암에 의해 입구기 막혀 형성된 용암냄이었으나, 댐이 침식으로 부너지면서 현재의 모습이 되었다.

상류에서 내려온 모래들이 5m 이상 쌓여 있다. 이렇게 본다면 지금의 연천읍은 약 15만 년 전에는 호수였음을 짐작할 수 있다.

이상에서 보면 대개의 호수는 무엇에 의해 막혀서 이루어진 것이다. 이것들을 총칭하여 댐 호수, 언지호(堰止湖, 둑으로 물의 흐름이 막혀 형성된 호수)라고 한다. 인공 저수지들도 물론 여러 가지 형태의 댐으로 물의 흐름을 막아 만들어진 것이다. 하천의 흐름을 약하게 하여 물을 이용하거나 뱃길을 만들기 위한 수중보도 일종의 하천의 호수화를 위한 것이다. 그러나 어떤 이유에서건 물길을 막았던 것이 사라지면 그로 인해 만들어졌던 호수 역시 사라진다.

예외로 볼 수 있는 호수로는 카르스트 지형에서 용식에 의해 만들어

이민부의 지리 블로그

진 돌리네(doline)가 있다. 이 경우에는 아래에 막힌 것이 사라지면 지하로 물이 빠져나가서 호수가 사라진다. 빠져나간 물은 더 낮은 동굴로 들어가거나 고도가 낮은 하천으로 내려간다.

그러나 세계의 호수들은 대부분 언지호이다. 칠레의 경우에는 댐의 기능을 한 것이 거대한 얼음 덩어리였으나 지구온난화에 의해 녹았고, 그로 인해 순식간에 물이 빠져나갔다. 이처럼 지구온난화는 여러 곳에서 호수의 생성 및 소멸과 규모에도 영향을 미친다.

줄어드는 호수 : 아프리카 차드 호

아프리카 대륙의 중부에 위치한 차드의 호수인 차드 호(Chad Lake)는 40년간 호수의 면적이 93퍼센트나 사라졌다. 말하자면 호수 자체가 40년에 걸쳐 거의 사라졌다는 것이다. 이는 사람들이 호수로 물이 들어가기 전에 하천의 물들을 다 사용해 버렸기 때문이다. 여기에 지구온난화로 강수량이 줄어든 것도 한몫을 했다.

차드 호는 아프리카의 중북부 내륙에 있는 염호로서, 주위의 하천으로부터 물이 흘러들어 오지만 증발에 의해 물이 나가므로 염도가 높다. 1963년에 최대 2만 5,000km², 즉 남한 면적의 4분의 1에 이르렀던 차드 호의 면적은 2007년에 2,600km²로 줄어들었다. 최저치를 기록했던 것은 2004년의 1,600km²였으나 산림녹화 사업으로 그나마 2,600km² 정도로 늘었다고 한다.

1980년대에 이미 이 호수의 면적은 1만 6,000km²로 줄어들고 있었다. 그러나 이 호수로 접어드는 하천 주변에는 이미 농경지와 취락이 형성되었고 어업 인구도 상당하다. 또한 북쪽으로는 사하라 사막과 접하고 있는데, 조금 더 상류로 올라간 지역에서는 오아시스도 있어 사하라 남쪽에서 대상(隊商, 카라반)의 중요 거점 역할을 하고 있다.

차드 호의 북쪽은 사막 기후지만, 호수의 중부 쪽은 스텝(steppe) 기후로서 연 강수량이 250∼500mm 정도이고, 남쪽은 사바나(savanna) 지역으로 강수량이 900∼1,300mm에 이른다. 이들 지역에 농경지와 목축지가 형성되고 도시와 취락이 발전했다. 차드의 수도 은자메나(N' Djamena)도 차드 호에 인접한 남쪽의 샤리 강변에 자리 잡고 있다. 과거 사막을 오가던 대상들의 교통로에서 발전한 도시인 것이다. 이처럼 인간에게 중요한 거점 역할을 하는 곳인 데다가, 4개국에 걸쳐 있기 때문에 많은 사람들은 이 호수의 물을 마구잡이로 사용해 왔다.

현재 이 호수는 몇 개의 물웅덩이 정도로만 남아 있는데, 그중 가장 큰 것도 마른 호수 바닥과 불어 닥친 모래로 포위되어 거의 10퍼센트로 줄어들었다. 이러한 상황 때문에 이 지역 농업과 어업은 큰 타격을 입었다고 한다.

지도상에서 보면 샤리 강변과 범람원들도 과거에는 호수였던 것으로 보인다. 지금보다 건조화가 덜했던 신석기 시대의 기원전 7,000∼4,000년에는 면적이 거의 40만 km²에 달하여 현재의 차드 호의 160배에 이르렀던 지역으로 분석된다. 이후 자연적인 상태에서 건조화가 진행되어 사하라 사막이 급격히 늘어났다고 설명된다.

차드 호는 깊이가 얕은 호수이다. 면적 1만 6,000km²였던 1980년대에도 평균 깊이는 1.5m, 최대 수심은 12m에 불과할 정도였으니 면적이 매우 감소한 현재는 그보다 더욱 얕을 것이다. 이렇게 수심이 깊지 않은 이유는 이 호수가 지구 내부의 마그마(액체 상태의 물질)와 맨틀(지구 표면의 아래 부분으로 고체 상태에 가깝지만 부드럽게 변형하는 부분)의 부드러운 움직임으로 아프리카 대륙이 변형되었을 때, 지형이 약간 낮아진 부분〔향사(向斜) 지역, synclinal belt〕에 물이 고여 이루어진 호수이기 때문이다. 예를 들어 마그마가 솟아나는 열곡대와 열곡대 사이는 상대적으로 낮아진다. 차드 호보다 조금 아래쪽에 위치한 콩고 분지와 칼라하리 사막 분지도 이와 비슷한 과정을 거쳐 만들어졌다.

이러한 호수의 특성으로 차드 호의 남쪽에 위치한 사바나 기후 지역의 투부리(Tuburi) 습지는 우기가 되면 물이 많아지면서 일부는 바다로 나가지 않고 증발에 의해서만 호수의 물이 사라지는 분수계인 차드 호로 흘러들고, 일부는 대서양으로 흐르는 나이저(Niger) 강의 지류인 베누에(Benue) 강으로 흐른다. 투부리 습지는 이렇게 비가 많이 오면 서로 다른 유역으로 물을 동시에 공급하는 호수형 분수계를 이루기도 한다. 이것은 차드 호가 워낙 얕은 호수이고 아프리카에서도 이 지역은 약간의 굴곡이 있지만 매우 평탄하기 때문이다.

면적이 줄어드는 내륙 호수로는 비단 차드 호만 있는 것이 아니다. 중앙아시아의 아랄 해에서도 이미 이러한 상황이 심각하고, 중동의 사해도 수위가 너무 낮아져 운하 건설 등을 통해 바닷물을 주입하기 위한

면적 4,400km²로 세계에서 37번째로 큰 호수인 미국 유타 주의 대염호(Great Salt Lake).

계획도 세워지고 있다. 이렇게 말라 가는 호수들은 모두 증발에 의해서
수량이 조절되는 염호들이다.

1970년대에는 지중해 연안에 위치한 튀니지에서 남쪽으로 사하라 사
막을 가로지르는 제2의 나일 강을 뚫어서 지중해의 바닷물을 유입시켜
차드 호를 몇십 배 규모로 늘리고자 한 적이 있었다. 또한 터널을 건설,
분수계를 넘어서 보다 남쪽의 콩고 쪽으로도 물을 보내 지질시대에 존
재했던 콩고 호를 되살려 연결하고자 하는 계획도 있었다. 이러한 계획
은 건조한 아프리카 내륙의 기후를 변화시켜서 농업 발전에 기여하고자
하는 것이 그 목적이었다.

* 석호(潟湖, lagoon) : 해변에 바다와 격리된 작은 호수로, 지하에서 해수가 섞여 들거나 수로로 바다와 연결되어 염분 농도가 높다.
* 천이(遷移, succession) : 같은 장소에서 시간의 흐름에 따라 연속적으로 진행되는 변화 과정 혹은 변화 단계.
* 돌리네(doline) : 석회암 지역에서 표면 기반암의 성분인 탄산칼슘이 물에 녹아 깔때기 모양으로 패여서 만들어진 저지. 돌리네들이 결합되면 복합 돌리네인 우발레 (uvale)가 되고, 지하에서 녹아 이루어진 석회 동굴이 함몰되어 만들어지면 함몰 돌리네가 된다.
* 스텝(steppe) : 짧은 풀로 이루어진 초원 지대, 중위도 지방에 펼쳐져 있는 온대 초원이다.
* 사바나(savanna) : 남북 양반구의 열대우림과 사막 중간에 분포하는 열대 초원 지대로 일명 '동물의 왕국'으로 불린다. 건기에는 비가 거의 없지만 우기에는 강수량이 많아서, 키가 큰 식물들로 이루어진 초원에 수목이 드문드문 덤불숲을 이루며 탁 트인 경관을 이룬다.

04

동물의 공격일까, 인간의 공격일까?

동물들의 이상 행동 |

동물들의 움직임이 심상치 않다. 멧돼지가 농작물을 짓밟고 마을까지 내려오거나, 여치가 농작물의 잎을 마구 갉아먹어 큰 피해를 입고 있다는 종류의 뉴스는 심심치 않게 등장한다. 몇 해 전 경남 남해안에서는 모기와 비슷한 깔따구가 대량으로 나타나 주민들을 괴롭혔던 적이 있었다. 남해안 진해 앞바다 신항만 공사 과정에서 갯벌을 갈아엎으면서 오염이 심해져 유충의 서식이 용이해진 탓이었다.

경기도 시화호 주변에서도 이와 비슷한 일이 있었다. 시화호 남쪽 간석지 30만 평의 개발을 위해 갈대밭을 태웠는데, 그 후 초원이 발달되어 고라니 같은 야생동물들이 평소보다 10배가량 모여들었던 것이다. 천적이 없으니 고라니의 번식 속도는 매우 빨랐고, 인근의 농작물에 피해를 입힘에 따라 결국 화성시는 일정 개체수에 한해 고라니의 포획을 허가하기도 하였다.

또한 2007년 한 TV 프로그램에 의하면 지구온난화로 전 세계의 모기가 두 배 가량 증가했다고 한다. 그에 따라 말라리아를 전파하는 학질모기의 개체수도 늘어 아프리카 우간다에서만 30초마다 1명씩, 전 세계적으로는 1년에 200만 명이 말라리아로 사망한다는 것이다. 이처럼 갑작스러운 모기의 증가는 브라질의 열대우림 지역의 삼림이 벌채되면서 늪지대가 늘고 쓰레기가 버려지면서 유충이 서식하기 좋은 환경이 만들어졌기 때문이라 한다.

이렇듯 인간 입장에서는 공격처럼 여겨지는 동물들의 행태라도, 그 뒤에는 분명 그러한 양상을 일으킨 이유들이 존재한다. 다음에서 대표적인 원인들을 살펴보자.

외래종으로 흔들리는 국내 생태계 |

백화점이나 대형 마트의 애완동물 코너를 보면 이구아나, 카멜레온 등 본래 한국에서는 서식하지 않는 외래종들을 많이 볼 수 있다. 이들이 우리 생태계로 흘러들면 어떤 일이 벌어질까?

실제로 블루길(blue gill) · 배스 등 양식용 민물고기, 황소개구리, 모피를 얻기 위해 농가에서 사육하는 뉴트리아(nutria, 늪너구리), 애완용으로 유입된 붉은귀거북과 노랑귀거북 등 외국에서 들어온 외래종들은 자연에 풀리면 문제를 일으킨다. 외래종이 자연에 방사된다는 것은 곧 국내 생태 체계에 외부 침입자가 생긴다는 것이고, 따라서 기존의 체계가 무너지는 것을 의미하기 때문이다. 이들이 우리나라의 생태에 적응하는 것에 반해 토종 동물들은 점점 사라지고 있다. 강자만이 살아남는 것이 자연의 법칙이기 때문이다.

인간도 무의식적으로, 혹은 의식하면서도 외면하며 이러한 생태계 교란에 직·간접적으로 개입한다. 종교행사 또는 어떠한 이유로 자연에 동물을 방사하는 것은 좋지만, 제대로 검역을 거치지 않았거나 국내 생태계에서 문제를 일으킬 만한 외래종을 아무런 사전 검토 없이 방사하면 생태계가 흔들릴 수 있다.

세계화의 진행에 따라 인간과 동식물 사이의 불필요한 충돌도 늘어난다. 인간에 의해 기존에 거주·서식하던 지역을 벗어나 다른 지역으로 이동하는 생명체가 많아지기 때문이다. 개인적인 취미 또는 이익을 얻기 위해 들여오는 동식물들로 삼림과 하천, 들판의 생태계가 변하고 있다. 여행자들이 다른 나라로부터 생물과 농작물 등을 들여오는 것을 엄격하게 통제하는 국가가 많은 것도 그 때문이다.

인간의 길이 동물의 길을 막는다 |

경제가 발전하면서 도로가 많이 만들어지고, 토목 기술이 발달함에 따라 도로 건설에도 가히 최첨단 공법들이 투

도로 건설을 위해 산지를 절개하고 있는 모습.

입되고 있다. 그런 기술에 힘입어 탄생한 도로들이 국토를 가로지르고 휘감은 덕분에 인구와 물류가 이동하는 양도 엄청나게 증가하고 있다. 편리성과 시간 절약에 대해서는 두말할 나위도 없다.

그러나 자연의 입장에서 보면 도로는 그다지 반갑지 않은 존재이다. 생태를 고려하면 길을 내기 위해 산을 깎는 절개지(切開地)보다는 터널을 만드는 것이 좋다. 그러나 공사비 등 현실적인 이유들로 대부분의 산지 도로들은 절개지로 이루어져 있다.

도로가 이렇게 건설되면 도로 양쪽의 식생과 생태계가 단절된다. 생태계가 갈라짐에 따라 생물종의 다양성도 대폭 줄어드는데, 특히 먹이 피라미드의 상위층에 있는 대형 동물들의 개체수가 급감하는 부작용이

지켜야 할 환경 속 지리 이야기

따른다.

동물들의 피해는 이뿐만이 아니다. 마음껏 누비던 서식지가 도로로 인해 갈라지고 이동로도 단절되니, 야생동물들은 도로를 건너는 일에 목숨을 건다. 도로 양쪽의 산지를 잇는 생태 통로(eco-corridor)를 만들어 동물들의 이동로를 확보해 주려는 인간의 노력도 있지만 아무래도 본래의 상태보다 연결성은 떨어진다. 도로를 운전하다 보면 그 위에서 유명을 달리한 그들의 슬픈 모습이 종종 눈에 띈다. 그들은 그저 자신들이 본래 다녔던 곳을 가고자 했을 뿐일 텐데 말이다.

관광 산업이 지역 발전의 관건이 되고 있는 실정이니 생태 관광, 체험 관광, 컨벤션 관광, 농업 관광, 지역 축제 등 앞으로도 계속 도로가 만들어질 것이다. 지역 균형과 지역 발전에 필히 도움이 되는 도로들도 있지만, 과하다는 느낌은 지울 수 없다.

동물과의 공생을 위하여 |

철저하게 인간과 인간의 행동에 적응한 동물들, 비둘기, 까치 등은 적당한 거리에서 인간과 더불어 살고 있다. 그러나 이러한 까치도 농촌에서는 그 수가 증가하면서 자주 농작물에 피해를 입히고 있다. 또한 개체수가 늘어나고 인간이 활동 공간을 늘리면서 나타나는 문제 중 하나가 항공기 운항 문제이다. 새들이 비행기 엔진에 들어가면 불시착이나 충돌 등 대형 사고가 발생한다. 2009년 1월 5일 미국 뉴욕 허드슨 강에 항공기가 불시착한 사고가 있었는데, 새들이 엔진으로 빨려들어 간 '버드 스트라이크' 때문이었다. 그래서 이런 사고를 방지하고자 새들을 쫓는 매를 훈련시켜 공항에 상주시키기도 한다.

산업화하고 도시화한 인간은 결코 동물들이 직접 가까이 오는 것을 원하지 않는다. 멀리서 바라보기를 바랄 뿐이다. 그러나 그들은 원하지 않는 인간에게 다가온다. 그것은 인간에 의하여 서식지가 줄어들고, 천적이 없어 개체수가 늘고, 지구온난화로 새로운 종이 나타나거나 환경오염으로 인해 오염물에 잘 적응하는 종들이 번성하기 때문이다. 더불어 인간이 일시적인 애완용 동물로 삼거나 잠시의 종교행사를 위해 무분별하게 외래종을 들여왔다가 버리듯 방사하는 것도 기존의 생태계에 혼란을 야기한다. 오늘도 우리들은 계속 숲을 줄이고 인간의 활동 공간을 늘리고 있다. 사람의 지리와 동물의 지리가 겹치고 있는 것이다.

과거와 다른 양상을 보이는 동물의 행태를 인간들은 '공격'이라 생각한다. 그러나 동물의 입장에서는 인간이 그들의 서식지를 빼앗으며 공격을 하는 것이고, 그렇기 때문에 생존을 위해 방어 행동을 하는 것이다.

무릇 생태계도 당연히 인간의 존재를 전제 조건으로 하지만, 동물과 인간의 기본적인 공존을 위해서 인간은 어느 정도의 불편함을 감수해야 한다. 그러나 더욱 조심해야 할 것은 기본 생존과 관계없는 일시적인 쾌락과 편안함 때문에 불필요하게 생태계를 어지럽히고 동물들을 자극하는 것이다. 누가 누구를 공격하는 것인가? 넓은 시각에서 다시 한 번 생각해 보았으면 한다.

* 절개지(切開地, cutting area) : 비탈진 면에 건물이나 도로를 만들기 위해 깎아낸 곳을 말한다. 평탄해진 면 위쪽 사면은 보다 급사면이 되어 사태의 위험이 높아지고, 아래쪽 사면이 매립으로 확대되면 붕괴의 위험이 높아지므로 건설이나 관리 시 늘 조심해야 한다.

05

태안반도의 기름이
남해까지 간 까닭은?

세계 5대 갯벌 해안인 서해안

삼면이 바다로 둘러싸인 우리나라의 해안 중 조석간만의 차가 가장 큰 곳은 서해안이다. 서해안은 조석간만의 차가 심하여 인천 쪽의 경기만은 8~9m, 태안반도도 5~6m에 이른다. 밀물과 썰물의 차가 크니 시화호 주변에는 조력발전소를 건설 중에 있고, 태안반도와 인천 석모도에서도 조력발전소가 계획되고 있다.

조석간만의 차가 크기 때문에 서해안에는 밀물 때는 잠겨 있다가 썰물 때 드러나는 갯벌의 면적도 넓다. 이 때문에 서해안은 미국 동부 조지아 해안, 캐나다 동부 해안, 남아메리카의 아마존 하구 및 북해 연안과 더불어 세계 5대 갯벌 해안으로 알려져 있다.

이런 서해안이 2007년 말에는 엄청난 재해를 입었다. 2007년 12월 7일 오전 7시, 태안반도 앞에서 유조선 허베이 스피리트 호가 삼성중공업 예인선단과 충돌하여 원유 1만 2,547kℓ가 유출되는 대형 사고가 발생한 것이다. 해류를 탄 기름은 태안반도 남부의 서해안을 덮었고, 100만 명이 넘는 민·관·군의 자원봉사자가 기름띠 제거를 위해 팔을 걷어붙였다. 엄청난 합심으로 기름띠는 상당히 많이 제거되었지만, 2009년 1월 현재까지도 사고의 후유증이 남아 있다.

아름다움과 위험이 공존하는 태안반도 |

사고가 일어난 태안반도는 서해안 최대의 반도이다. 태안반도 외에도 서해에는 옹진반도, 변산반도, 화원반도 등이 있는데, 태안반도는 다른 반도들에 비해 주위 해안으로부터의 돌출 정도가 뚜렷하다.

때문에 태안반도는 파랑의 힘을 먼저, 또 강하게 받는다. 조차가 심하므로 갯벌이 발달하지만, 강한 파랑의 힘에 의하여 갯벌 위쪽으로 좋은 모래 해안도 함께 발달하는 것이다. 태안군에 전국에서 가장 많은 32개의 해수욕장이 있는 이유가 바로 이 때문이다. 태안반도는 이러한 해류 그리고 조류와 파랑의 작용으로 형성된 좋은 백사장, 근사한 단애(斷崖, cliff)를 가진 돌출한 곳 등의 아름다움으로 해안국립공원으로 지정되었다.

그러나 수로(水路)의 관점에서 보면 태안반도는 선박 운항에 조심해야 하는 곳이다. 몇 해 전에 이곳에서 고려 시대에 침몰된 청자운반선이 발견되어 청자들이 인양된 바 있다. 예로부터 이곳은 심한 파랑 때문에 배가 침몰하는 일이 잦았고, 안전을 빈다는 의미의 '안흥(安興)'이라는 이름이 붙은 포구에 선박의 안전 운항을 위한 정부 관리들이 파견된 적도 있다. 그만큼 선박에게는 위험이 도사리는 곳이 태안반도 주변인 것이다.

바다를 타고 흐르는 기름 |

태안반도 기름 유출 사고의 피해가 커진 까닭은, 그 부근에서 유출된 기름이 해류를 타고 남하하며 서해안 남부를 덮었기 때문이다.

기본적으로 우리나라 연안의 해류는 다음과 같이 설명할 수 있다. 북반구 저위도에서 동류하는 북적도 해류가 아시아 대륙을 만나면 그 일부가 쿠로시오 해류가 되어 북동쪽으로 휘어서 한반도 쪽으로 올라온다. 이것이 한반도의 남해에 도달하면 두 갈래로 갈라져 서해와 동해로 각각 흘러든다. 이 해류는 근본적으로 난류이므로 남해안과 동해안 등의 해안 지역을 따뜻하게 만들어 준다.

쿠로시오 해류가 남해에서 갈라져 서해로 흘러가는 것이 황해 해류이다. 이 해류는 서해 바다의 가운데로 올라가는데, 더 북류하면 차가운 대륙 공기의 영향으로 한류로 변한다. 이들이 우리나라의 서해안과 중국의 동해안의 연안에 바싹 붙어서 흐르는 연안류가 되는 것이다.

2007년 12월 7일에 기름 유출 사건이 일어난 태안반도의 모습. 검은 기름이 해안을 뒤덮었다. (출처 : 연합뉴스)

이 연안류는 겨울철 들어 강해진 시베리아고기압에서 발생되는 북서풍 때문에 남쪽으로 매우 강하게 흐르는데, 이것을 타고 태안반도의 기름 역시 빠른 속도로 남쪽으로 흘러간 것이다. 만약 기름 유출 사고가 겨울이 아닌 여름, 즉 남쪽에서 올라오는 해류의 영향이 강한 시기에 발생했다면 아마도 확산 속도가 많이 느려졌을 것이다.

되풀이되지 말아야 할 인재 |

바다 위를 덮은 기름은 해양 생태계에 치명적인 영향을 미친다. 우선 갯벌이 기름에 오염되면서 어패류와 미생물 등 바닷물을 정화하는 역할을 담당하는 생명체들이 사라진다. 이들은 먹이 피라미드의 기반을 이루는 존재들이다. 그러므로 이들의 개체수가 줄어

이민부의 지리 블로그

드니 그것을 잡아먹고 사는 생명체들 역시 급감하는 식으로 생태계는 꼬리에 꼬리를 물며 악화일로를 걷게 되는 것이다.

경기개발연구원은 태안반도 기름 유출 사고로 입은 해양생태계의 피해액이 향후 10년간 매년 약 1조 3,000억 원에 이를 것이라고 발표했고, 전문가들에 의하면 훼손된 생태계의 복원에는 최소 20년 이상 걸릴 것이라고 한다. 사고 지역 주민들이 입은 피해는 말할 것도 없다. 태안 사고로부터 1년이 더 지난 지금, 많은 지역 주민들과 자원봉사자들의 노력으로 해안과 해양 모두 생각보다는 많이 회복되었다. 시간의 흐름에 의한 자정 능력도 영향을 미쳤을 것이다. 그러나 아직도 도서 지역에는 그 흔적들이 남아 있다.

부디 인간의 부주의로 인한 이러한 사고는 더 이상 발생하지 않기를 바라는 마음이 간절하다. 이미 지구와 자연은 인간들의 무분별한 개발로 심한 몸살을 앓고 있지 않은가.

06

하천의 복원,
어느 정도까지 가능할까?

낙동강의 지리 |

2008년 3월 1일, 낙동강에 페놀(phenol)이 흘러들었다. 김천 코오롱 유화 공장 화재 진화 과정에서 화재를 진압하기 위해 뿌린 페놀이 물에 섞였고, 이것이 김천과 구미를 지나는 감천(甘川)을 통해 낙동강으로 흘러든 것이다. 이 페놀은 구미, 대구를 거쳐 경남 지역을 통과하였다. 수돗물에 들어 있는 염소와 결합하면 암 발생 가능 물질을 만들어 내는 것이 페놀의 특징이므로, 페놀이 섞였을 것이라 예상되는 물이 지나가는 지역에서는 3~4시간가량 취수가 중단되었다. 이 지역들이 물을 사용하지 못하게 되자, 상류의 저수지에서는 더 많은 물을 방류하기도 했다. 유속을 증가시켜 오염물질을 하천으로부터 빼내기 위함이었다.

낙동강은 본류의 길이가 약 510.4km이고, 유역면적은 남한 면적의 4분의 1, 영남의 4분의 3에 해당하는 2만 3,859km²이다. 본류는 태백시에서 발원하여 남으로 내려오다가 안동에서 서류하고 점촌에서 다시 남류한다. 이어 창녕에서 다시 동류하다가 밀양에서 남류하여 김해와 다대포에서 삼각주를 만들며 남해로 접어든다. 주요 지류로는 북에서부터 반변천, 내성천, 영강, 북천, 위천, 감천, 금호강, 황강, 남강, 밀양천 등이 있다.

낙동강의 하상(河床), 즉 하천 바닥의 평균 경사도는 매우 완만한데, 상류의 태백산맥 부근에서는 조금 높아졌다가 안동부터는 다시 완만해진다. 그리고 여름철 홍수기의 최고 유량과 겨울철 갈수기(渴水期)의 최저 유량을 비율로 나타낸 하상계수(河狀係數)는 1:372로서 유량 변화가 매우 심한 편이다. 홍수기(6~9월)에는 유량의 약 70%가 집중되기 때문에 안동댐, 임하댐, 남강댐, 합천댐, 운문댐 등의 대형 다목적댐이 낙동강 유역에 다수 건설되어 홍수 조절에 이용되고 있다.

낙동강은 수백만 영남 주민의 식수원이기도 한데, 구미, 김천, 대구 등 낙동강 유역에 입지한 화학업체의 수 또한 600여 개에 달한다. 따라서 이들 업체에서는 식수원 오염을 막기 위해 하천으로 공장 폐수가 유입되지 않도록 만전을 기해야 한다. 본래 낙동강은 유속이 대단히 느리고 현재 하구둑과 여러 수중보 등의 장치로 그 속도가 더욱 감소해 있는 상태이기 때문에, 폐수가 유입되는 경우에는 오염된 강물을 빨리 빼내기가 어려운 탓이다. 2009년 1월, 낙동강의 오염은 가뭄으로 더욱 악화

지켜야 할 환경 속 지리 이야기

되었다. 낙동강 하류에 위치하여 낙동강물을 수돗물로 사용하는 부산시는 남강댐의 저수위를 높여 보다 깨끗한 남강댐물을 공급받겠다고 계획하고 있지만, 홍수의 위험을 들어 경상남도는 반대를 하는 상황이다. 부산시, 경상남도, 중앙정부 모두가 답답한 노릇이다.

우리나라의 공업 입지와 하천 |

현대자동차, 포항제철, 현대중공업 등 우리나라의 대표적인 공장들은 해안가에 위치하는 경우가 많다. 해외에서 원료를 들여오기 쉽고, 제품의 수출에도 유리하기 때문이다. 이처럼 특히 중공업의 입지를 정해야 할 때, 대부분의 경우에는 원료와 수출의 형태를 고려한다. 예를 들어 시멘트 공장은 전형적인 원료 입지형으로 원료를 받기 편한 곳이 입지 고려 시 1순위 요소가 된다. 또한 수도권과 대도시에 들어선 공장은 소비자를 고려하여 입지를 선택한 경우이다. 즉, 물건을 소비하는 소비자와 가까울수록 유리한 종류의 공업들이 이런 입지를 택하는 것이다.

우리나라 및 선진국에서는 업체들로 하여금 환경오염에 대한 비용을 지불하도록 한다. 아무리 조심을 한다 해도 공업 지역에서는 유해물질을 배출해 공해를 유발시킬 수밖에 없기 때문이다. 따라서 공업에 의한 대기오염, 수질오염, 폐기물 유출 등의 공해를 최소화하기 위한 비용을 물리는 것이다. 만약 이러한 비용 지불이 어려워 환경오염을 최소화할 수 없는 경우에는 이전을 해야 한다.

한강 유역의 경우는 워낙 많은 인구가 유입되고, 그로 인해 땅값도 높아져서 대규모의 중화학업체 공장들은 거의 해안이나 해외로 빠져나갔다. 그러나 낙동강 유역에는 아직 많은 공장들이 입지해 있고, 이러한 공장들이 지역 경제에 많은 이바지를 하고 있다. 이 지역의 공장들이 공해물질 처리에 조심하지 않는다면 그간 이루었던 경제적 발전보다 훨씬 큰 피해를 이 지역에 미칠 수 있다는 것을 명심해야 한다.

하천의 지리학 |

하천은 높은 곳의 물이 흘러서 낮은 곳으로 가는 물길이다. 여러 물길(지류)이 모여서 보다 큰 물길이 되고 가장 큰 물길(본류)을 만들어서 결국 바다로 간다. 이렇게 하천은 바다로 가거나, 혹은 내륙 폐쇄 호수로 가기도 한다. 하천은 물길을 따라 토사와 영양분을 분지나 하류 쪽에 공급하여 범람원을 만들고, 이러한 범람원은 개간되어 농경지나 거대한 도시터가 된다.

최근 몇 년간 하천에 관해 가장 관심을 끈 부분은 아마도 서울의 청계천 복원과 같은 하천 복원 작업일 것이다. 그간 많은 지역이 도시로 개발되면서 하천은 시멘트 콘크리트로 직강화(直降化)되었고, 복개 후 도로나 주차장으로 변하곤 했다. 또한 도시화에 따른 수질오염으로 하천은 오염되었고, 그로 인해 사람들은 하천을 멀리했다.

그런데 하천들이 복원된다 해서 완전한 자연하천으로 다시 태어날 수 있는 것은 아니다. 청계천도 복원하여 예전의 하천의 모습을 찾은 것처럼 보이지만 수많은 인공구조물들로 덮여 있고, 하천수 역시 인공적으로 공급·관리되고 있다. 물론 도시공원으로서의 기능을 충분히 하고 있는 것으로 보인다. 어쨌든, 자연하천은 인간의 간섭 없이도 스스로 유량을 유지하고 물이 흘러가는 하천을 말하는데, 현재 도시에서는 그러한 하천이 존재하기 어려워졌다.

하천의 개발과 오염되어 가는 식수원 |

　　　　　　청계천의 복원은 먼저 복개된 도로판과 고가도로들을 뜯어내는 것으로 시작하였다. 그렇게 일단 하천 바닥을 공기 중에 드러나게 하고, 하천 바닥에 있던 온갖 오물을 걷어내 수질을 정화한 후 깨끗한 물을 공급한 것이다. 그리고 지속적인 관리를 통해 아름다운 경관을 조성, 사람들이 접근하여 휴식과 여가와 즐거움을 누리게 하였다.

　새로 만들어진 청계천은 한강 본류에서 물을 끌어와 그 흐름을 만들고, 지하철 건설 시 건드렸던 지하수맥에서 나오는 물로 이루어졌다. 복원된 청계천은 예전에 서울을 흐르던 그 하천이 아니라, 친(親)시민적 하천, 공원화된 하천이 된 것이다. 물론 자연 상태로의 복원까지는 아니었으나 이 정도의 하천으로 만드는 과정에는 많은 노력과 정성과 예산이 들어갔고, 복원 후에도 지속적인 관리를 필요로 하기 때문에 상당한 인적·물적 자원이 투자된다.

　여기서 일반적인 하천, 예를 들면 한강·낙동강과 같은 거대한 하천

금강 유역에 만들어진 다목적댐 중 가장 큰 대청댐.

및 작은 하천과 현대적으로 만들어진 하천의 구조를 살펴볼 필요가 있다. 큰 강의 경우, 상류 쪽에 다양한 형태의 댐으로 저수호를 만든다. 북한강 쪽만 하더라도 파로호, 소양호, 춘천호, 의암호, 청평과 팔당 등 많은 다 목적댐과 인공 내륙호수들이 만들어져 있다. 이렇게 하면 일단 흐르는 물 의 양이 줄어든다. 이 물들은 전기를 만들 때에는 하류로 내려보내진다. 인접 지역, 혹은 멀리 하류 쪽의 도시로 내려가는 물은 상수도를 통해 가 정으로 들어가고, 가정에서 버린 폐수들은 종말 처리장을 통하여 다시 하 천으로 간다. 한강의 경우에는 유람선 운항 등 여러 목적으로 인해 강 중 간에 수중보들을 만들어 하천의 흐름을 더욱 느리게 만들었기 때문에 하 류는 하천의 흐름이 거의 없는, 사실상 호수화가 되어 있다.

하천 오염이 문제가 되는 것은 이 하천수들이 우리가 먹는 물이기 때문이다. 우리들은 하천에 오물을 버리거나 낚시를 하고, 주변에 카페촌, 전원주택, 식당들을 세우고 있다. 강의 상류 깊숙한 곳에서도 상업용 건물들을 어렵지 않게 볼 수 있다. 그만큼 하천은 조금씩 오염되어 가고 있는 것이다.

하천 오염 문제는 점점 심각해지고 있다. 횡성과 평창을 흐르는 송천(松川)이라는 하천은 남한강 지류 중 하나이다. 사람들은 이곳에 도암댐을 건설, 호수를 만들고 이 물을 경사가 급한 동해안으로 흘러 보내서 발전을 하는 유역 변경식 발전소를 만들었다. 그러나 지금은 여러 이유로 만들어 놓고서도 사용 여부에 대해서는 논란이 있는 실정이다.

댐의 사용을 결정하지 못하는 이유는 이렇다. 송천의 상류에 있는 대관령 목장, 고랭지 농업지, 그리고 횡성의 골프장과 위락시설, 인접한 도로변의 많은 식당과 숙박업소 등에서 나오는 폐수들이 처리되지 않아서 물의 오염이 심하고, 녹조 현상까지 나타나고 있다. 이러한 물로 발전기를 돌릴 수는 있지만, 발전한 뒤 그 물들이 강릉 쪽의 동해로 흘러가면 강릉 시민들의 식수원을 오염시키는 결과를 초래하기 때문에 발전 자체도 할 수 없는 상황이 되어 버린 것이다.

우리나라의 하천은 성할 날이 없다. 다양한 목적으로 이루어진 상류에서의 삼림 벌채와 토사 유출, 그리고 이를 막기 위한 보호 옹벽과 콘크리트 보들도 하천을 더욱 위험한 상태로 만든다. 골재 채취를 위해 모래와 자갈을 퍼내고, 수석용과 조경용으로 하천 자갈과 큰 돌들을 옮겨

이민부의 지리 블로그

간다. 그러니 전국 어디에서도 자연스런 하천을 보기가 쉽지 않은 것이다. 워낙 높은 인구밀도를 가진 나라에서 국민들의 활동이 매우 역동적으로 펼쳐지다 보니 나온 결과이다. 더 늦기 전에 하천이 우리의 생활 터전을 보호해 주는 가장 큰 자연의 선물임을 알고, 높은 관심을 가져야 한다. 그래야 조금이라도 하천의 생태가 나아질 것이다.

TIP

* 페놀(phenol) : 방향족 알코올의 한 종류. 특이한 냄새가 나는 무색 또는 흰색 결정으로, 콜타르의 분류(分溜)나 벤젠을 원료로 하는 화학 합성으로 얻는다. 방부제, 소독 살균제, 합성수지, 염료, 폭약 따위를 만드는 데 쓰인다.
* 갈수기(渴水期, droughty season) : 우리나라의 경우 여름철 장마와 홍수시기를 지나 9월부터 다음해 봄까지의 강우량이 적은 시기를 말한다.
* 하상계수(河狀係數, coefficient of river regime) : 강의 어느 지점에서 수년에 걸쳐 측정된 연중 최대 유량과 최소 유량과의 비율을 말하며 하황계수라고도 한다. 하상계수가 클수록 연간 유량의 변동이 크다.
* 유역 변경식 발전소 : 높은 곳에 위치한 유역에 댐을 만들어 물을 모으고 터널을 통해 보다 낮은 다른 유역으로 이 물을 보내면서 그 낙차를 통해 전기를 얻는 방식의 발전소이다.

07

메탄은 천연자원일까,
환경오염의 주범일까?

천천히 가는 시한폭탄, 메탄 |

　　　　　　　지구 표면의 온도가 상승하는 현상을 가리키는 지구온난화는 이미 전 세계적인 문제가 되었다. 과학자들은 지구온난화의 대표적인 원인으로 온실효과를 일으키는 온실기체의 발생량 증가를 꼽는다. 온실기체에는 이산화탄소, 메탄, 프레온가스 등이 있는데, 현재까지는 이산화탄소의 온실효과 기여도가 높으나, 향후 잠재적인 영향력에 있어서는 메탄이 이산화탄소보다 20배나 강하다. 때문에 메탄은 '천천히 가는 시한폭탄'으로 불리기도 한다.

　2008년 9월에는 이러한 메탄에 대해 러시아, 스웨덴, 미국 등에서 연구한 결과가 언론에 실렸다. 그 내용을 요약하면 다음과 같다.

빙하 시대 이전에 북극 해저의 대륙붕에 퇴적되어 형성된 영구동토대에는 다량의 메탄이 포함되어 있다. 그런데 북극해를 덮고 있던 빙하가 녹으면서 이 메탄이 해수면 위로 올라와 대기 중으로 방출되고 있다고 한다. 일부에서는 시베리아 대륙의 영구동토대가 녹으면서 그 안에 포함되어 있던 메탄이 하천을 따라 북극으로 흘러들어 갔다고 주장하기도 한다.

그러나 어떤 이유에 의한 것이든, 중요한 사실은 이렇게 방출된 메탄이 지구온난화를 가속화하면 그에 따라 해저와 육상의 더 많은 영구동토대가 녹고, 그것이 다시 메탄의 방출을 증가시킨다는 것이다.

메탄의 양면성

지구온난화의 주범으로 지목 받고 있는 메탄은 사실 천연가스의 중요한 구성 요소이기도 하다. 화학식으로 CH_4로 표기되는 메탄은 소기(沼氣, marsh gas), 즉 늪지 가스를 이르는 말로서 보통 유기물이 분해되는 늪지대에서 발생하며 거품의 형태를 띤다. 말하자면 자연 상태의 기체인 것이다. 이처럼 자연 상태의 메탄가스는 늪지와 같은 습지에서 기원한다.

지구온난화의 주범으로 지목 받고 있긴 하지만, 다른 면에서 보면 메탄은 석유나 석탄 등 매장량에 한계가 있는 에너지원을 대체할 수 있는 좋은 자원이기도 하다. 우리나라 동해의 해저에서 발견된 메탄 하이드레이트(methane hydrate)는 천연가스가 저온 고압 상태에서 물 분자에 갇힌 고체이다. 얼음처럼 보이지만 불을 붙이면 타오르며, 그 과정에서 천연가스의 주성분인 메탄가스를 대량으로 얻을 수 있다는 점에서 관심의 대상이 되고 있다.

자연 상태에서의 메탄은 주로 늪지대 생물에 의해 만들어지는데, 이렇게 발생한 메탄의 양은 전체 발생량의 약 40퍼센트를 차지한다. 그 외에도 메탄은 물이 늘 괴어 있는 무논이나 포유류의 소화 과정(트림과 방귀 등 장내의 발효 과정)에서도 발생한다.

인간 활동도 직·간접적으로 메탄의 발생 혹은 방출에 영향을 미친다. 천연가스와 석유의 원유를 퍼내는 유정(油井, oil well)에서 새어 나오고, 매립장에서 쓰레기가 부패하는 과정, 나무나 토탄을 태우는 과정에서도 발생한다.

그러나 인간의 필요에 의해 가축 및 축산용 포유류 동물이 늘어남에 따라 메탄의 발생도 급격히 증가하기 시작했다. 자연 상태에서 발생하는 메탄은 자연의 질서에 따라 순환하는 데 문제가 없는 반면, 이렇게 인간에 의해 과다하게 늘어난 메탄은 자연이 받아들이기 힘들기 때문에 문제가 발생한다.

포유류 동물 중 특히 메탄가스의 발생과 관련이 있는 것은 소나 양, 염소처럼 되새김질을 하는 반추(反芻)동물들이다. 초식을 하는 반추동물들은 4~5개의 위를 가지고, 먹이를 먹으면 일단 첫 번째 위에 모아 두었다가 후에 꺼내어 되새김질을 한다. 축산기술연구소 이상철 박사에 의하면 이런 과정에서 먹이는 발효가 되고, 이것 때문에 반추동물들이 트림을 할 시에 다량의 메탄이 나온다는 것이다. 또한 우리나라에서 축산동물로 인한 메탄 발생량은 14만 4,000톤으로, 이것은 총 메탄 발생량의 10.6퍼센트에 해당한다고 한다.

이러한 메탄가스는 대기 중에서 화학적으로 혹은 토양층에 쌓이면서 사라지는데, 인공적인 원인들 때문에 발생되는 양이 사라지는 양보다 늘어나면서 대기 중의 메탄도 증가하는 것이다.

농도에 따라 다르기는 하지만 대기 중에 메탄이 존재하는 기간은 대체로 12년 정도로 추정된다. 메탄의 생존 기간은 이산화탄소보다 짧고 농도 역시 이산화탄소보다 낮다. 그럼에도 불구하고 '강화된 온실효과(enhanced greenhouse effect)', 즉 인공적으로 늘어난 온실기체에 대한 메탄의 기여도가 이산화탄소의 8배에 이르고, 증가 속도 또한 빠르다는 점에서 문제가 되는 것이다.

메탄을 잡아 일석이조의 효과를 거둔다 |

현재 조금이나마 메탄의 증가 속도를 낮출 수 있는 방법은 발생량을 줄이고, 대기 중에 방출된 메탄을 최대한 모으는 것이다. 메탄을 잘 포집하면 좋은 에너지원을 얻음과 동시에 지구온난화도 상당 부분 방지할 수 있다는 점에서 일거양득이다. 에너지가 부족한 북한에서도 자연 상태나 매립장에서 나오는 메탄을 모아서 에너지로 사용하는 사례가 언론에 자주 소개된 바 있다.

우리나라의 난지도나 김포, 청주의 쓰레기 매립장에서도 비교적 규모가 큰 메탄 포집 시설이 가동되고 있다. 2001년 언론에 나온 자료를 보

지켜야 할 환경 속 지리 이야기

면 김포의 수도권 매립지에 있는 발전 시설은 연간 30억 원어치, 즉 1만 3,000여 가구가 사용할 수 있는 규모의 전력을 생산한다고 한다.

축산 농가에서도 이와 비슷한 시도를 하고 있다. 2007년에 충남 청양군의 한 농장에서는 바이오가스 플랜트를 설립하였다. 이 덕분에 돼지 4,000마리에서 나오는 하루 분뇨 20톤으로 매일 960kw의 전력을 생산, 양돈장에서 자체적으로 사용하고 남는 전기는 한전에 판매한다고 한다. 심각한 축산 폐기물 처리와 에너지 생산이라는 일석이조의 효과를 거두고 있는 것이다.

메탄에 대해서는 발생량, 지구상의 정확한 분포도 및 매장 규모, 인공적인 원인으로 형성되는 과정 등 앞으로 연구하고 밝혀내야 할 것들이 많다. 그러나 그 연구 결과와 관계없이, 인류는 이미 발생되어 지구를 덮히고 있는 메탄가스의 감소에 총력을 기울여야 한다. 그래야 우리가 발 딛고 있는 이 지구를 '천천히 가는 시한폭탄'의 위험으로부터 구할 수 있기 때문이다.

TIP

* 메탄 하이드레이트(methane hydrate) : 메탄과 물이 해저나 빙하 아래에서 높은 압력에 의해 얼음 형태의 고체상 격자구조로 형성된 연료. 보통 대륙 연안 1,000m 깊이의 바다 속에 매장되어 있는데 그 양이 매우 많아서 차세대 대체연료로 주목받고 있다. 그러나 채취의 기술적 어려움과 경제성, 메탄에 의한 온실효과 등의 문제가 있다. 형태는 드라이아이스와 유사하며, 녹으면 물과 함께 천연가스로 사용할 수 있는 메탄이 발생한다.

08

지구온난화가
국가의 운명을 좌우한다?

빙하가 녹고 있다 |

　　　　　북극해는 지구의 오지 중에서도 매우 험난한 곳에 속한다. 많은 얼음산과 갈라진 틈 때문에 인간의 탐험이 쉽지 않은 까닭이다. 그러나 한국이 낳은 세계적인 산악인 박영석 씨가 2005년 5월 1일 북극점에 도착하여 큰 뉴스가 되기도 했다.

　북극해는 실상 지구온난화로 많은 문제를 겪고 있는 곳이다. 언론 보도에 따르면 북극해의 빙하 해빙에 관한 논의는 여러 방향으로 전개되고 있다. 북극해는 남극해와는 달리 거의 육지로 둘러싸인 일종의 지중해(地中海), 즉 육지 간의 연결성이 매우 좋은 바다이다. 유럽과 아시아와 아프리카에 둘러싸여 있는 지중해가 인류 초기 문명의 중심지였으며 지금도 중요한 문명의 바다인 것처럼, 북극의 지중해도 새로운 문명권을 형성할지 모르는 입지를 가지고 있는 것이다.

그런데 이러한 북극의 빙하가 녹으면서 다양한 문제가 생기고 있다. 극지방에 사는 원주민들이 빙하가 녹아 가는 환경에 적응하기 어려워한다는 점, 빙하가 녹으며 육지가 바다로 변해 해상 운송로가 생긴다는 점, 그리고 북극해 주위의 얼음이 녹아 땅이 드러나면서 생기는 영토에 따른 분쟁이 생긴다는 점, 또한 이 땅에서의 다양한 자원 개발, 심지어는 관광 상품 개발도 따르고 있다는 점 등 문제는 계속적으로 발생하고 있다.

극지방의 빙하도 봄철이 되면 잠시 녹는 해빙기가 오는데, 1960년 이후 이 해빙기는 10년마다 2.5일씩 빨라지고 있고, 이것이 극지방의 온난화를 가속화시킨다. 얼음은 물보다 빛을 잘 반사시킨다. 물론 물도 빛과 열을 흡수하지만, 얼음만은 못하다. 반사를 한다는 것은 열을 흡수하지 못하고 방출해 버린다는 뜻으로, 곧 지표의 온도가 높아지지 못함을 뜻한다. 그런데 해빙기가 빨리 도래하면 얼음이 아닌 물이 존재하는 상태가 길어지고, 따라서 이전보다 극지방이 흡수하는 열의 양이 늘어난다는 것이다.

극지방에서 전통적인 방식으로 삶을 영위해 왔던 원주민들이 온난하게 바뀌는 환경에 적응해야 한다는 것도 큰 문제이다. 러시아 북극권의 작은 어촌인 비코프스키에서는 해마다 바다의 빙설이 녹아서 해안선이 5~6m씩 내륙 쪽으로 다가오고 있다고 한다. 또한 동토층이 녹으면서 단단하던 땅의 표면이 물러짐에 따라 그 위에 세워진 건물들이 붕괴 조짐도 보이고 있다. 생태계도 위협을 받아 넓은 동토층에 서식하는 거대한 북극곰도 멸종 위기에 처해 있다.

북극해 이용에만 눈이 먼 선진국 |

이렇게 당면한 심각한 문제에도 아랑곳없이 세계의 선진국들은 이렇게 변화하는 북극해를 어떻게 경제적으로 혹은 정치적으로 이용할 수 있는지에 대해서만 골몰하는 것 같다.

덴마크령인 그린란드(Greenland)와 캐나다의 엘스미어 섬 사이의 북극해는 본래 바다의 대부분이 얼어 있는 상태였다. 그런데 최근 지구온난화로 빙하가 녹으면서 바닷길이 열려, 이 큰 섬들 사이에 있는 작은 바위섬인 한스라는 섬이 소유권 분쟁에 휘말려 있다고 한다. 얼음으로 덮여 있었을 때는 그냥 얼음 덩어리에 불과했고, 바다까지 얼어 있으니 별로 관심을 끌지 못했는데, 눈앞에 드러나니 분쟁의 대상이 된 것이다.

이는 인접한 곳의 자원 개발과도 무관하지 않다. 북극해를 끼고 있는 나라들은 미국·러시아·노르웨이·덴마크·캐나다 등이고, 근접한 나라들로는 영국·아이슬란드·한국·일본·독일·프랑스 등이 있다. 만일 바닷길이 열리면 이처럼 북반구의 북쪽에 있는 나라들의 경우. 북극해를 통해 태평양과 대서양을 해로로 쉽게 연결할 수 있다. 일례로 도쿄에서 런던까지의 해상 운송 거리는 파나마 운하로 1만 5,000마일, 수에즈 운하로 1만 3,000마일에 달한다. 그런데 북극해를 통하면 거의 절반

수준인 8,500마일로 줄어든다. 그러니 당연히 운송로와 경제수역에 대한 각축이 벌어질 것이다. 우리나라의 경우에도 북극해를 이용하면 부산에서 유럽으로 가는 해운 노선에 들어가는 시간과 비용을 큰 폭으로 줄일 수 있다.

또한 북극해의 얼음이 사라지면 어족 자원, 석유 및 가스 개발과 함께 관광 산업까지도 각광을 받을 것이다. 인간의 접근이 어려웠던 북극해였지만 빙하가 녹은 후에는 작은 보트나 유람선을 타고 관광을 할 수 있게 될지도 모르는 일이다. 이제는 비록 비용이 많이 든다는 단점은 있으나 관광이 가능해진 남극의 경우처럼 말이다.

그러나 그와 동시에 열대 쪽의 태평양, 대서양, 인도양의 작은 산호초 섬에 거주하는 주민들은 섬이 사라지거나 줄어든 섬에서 직접적으로 삶의 위협을 받을 것이다. 북극에서 녹은 얼음은 고스란히 해수면의 상승을 불러오기 때문이다. 인도양의 소국인 몰디브는 국토의 평균 고도가 1.5m에 불과하다. 몰디브의 새 대통령 당선자는 전 국민이 외국으로 이주할 땅을 사겠다고 밝혔을 정도이다.

온대 지역의 최고, 최대의 문명권의 항만과 도시들도 이러한 해수면 상승 현상으로부터 안전하지는 않아서, 점점 해안으로 침범해 오는 바다와 파도를 피하여 내륙 쪽으로 이동해야 하는 상황이 도래할 수도 있다. 인류에게 있어 실로 엄청나다 할 수 있는 이러한 변화는 갈수록 그 속도를 더해 가고 있다.

그린란드의 빙하 |

       2008년 7월, 미 항공우주국(NASA)은 그린란드에서 여의도 면적의 3.4배에 해당하는 29km²짜리 빙하가 떨어져 나갔고, 인접한 지역에서 그의 다섯 배가 넘는 160km²의 빙하가 추가로 더 떨어져 나갈 것임을 발표했다. 또한 8월 29일에는 그린란드의 서쪽 해안의 항로(서북 항로)가 열렸음을 알렸다. 이 항로는 대서양의 북쪽에서 북극해를 통과하고 베링 해(Bering Sea)를 통해 태평양으로 연결되어 있다. 그린란드와 캐나다의 래브라도 반도에서 떨어져 나온 빙하가 래브라도 해류를 따라 대서양으로 흘러와서 배에 부딪힌 사건은 우리에게 '타이타닉 호의 비극'으로도 알려져 있다.

  그린란드를 덮고 있는 빙하가 녹으면 빙하에 눌려 있던 육지면이 빙하의 무게에서 벗어나 솟아오르기도 한다. 일례로 빙하기가 완전히 끝나기 전인 1만 년 전, 그린란드의 평균 기온은 현재보다 섭씨 5도가량이 더 낮았다. 그런데 그간 빙하가 녹으면서 그린란드 북동부의 해안 산지는 무려 120m나 융기하였다.

  현재 그린란드는 최고 3,000m 이상, 평균 두께는 약 1,000m인 빙하가 섬의 전체 면적 중 86퍼센트인 186만km² 정도를 덮고 있다. 이는 대한민국 전체 면적의 18배가 넘는 규모이다. 학자들은 그린란드를 덮고 있는 빙하가 모두 녹으면 세계의 해수면이 최소한 7m 정도 상승할 것으로 추정하고 있다. 반면 빙하 감소에 따라 그린란드 국토 자체의 무게는 줄어들 것이고 그에 따라 육지는 점차 솟아오를 것이므로, 빙하가 모두

지켜야 할 환경 속 지리 이야기

녹은 후 그린란드의 총 국토 면적은 해수면 상승분 7m에 잠기는 부분을 제외한다 해도 현재보다 더 늘어날지 모른다.

그렇다면 만일 남극 대륙의 얼음이 다 녹는다면 어떤 일이 벌어질까? 남극의 면적은 1,422만km²로서 그린란드의 약 7배, 얼음 두께도 평균 2,000m이므로 남극 빙하의 규모는 그린란드 빙하의 약 14배에 달한다. 따라서 남극의 빙하가 모두 녹으면 지구 전체의 해수면은 최소 50m 이상 상승할 것이라는 산술적인 계산이 가능하다. 남극에서 지구온난화에 가장 취약한 서부(서경 90도 정도)의 빙하는 지금도 녹고 있는데, 이 빙하만 녹는다 해도 지구 해수면은 6m 정도 올라갈 것으로 추정된다. 이렇게 된다면 현대 인류의 문명권은 견디기 힘들어질 것이다.

그린란드의 역사 |

본래 그린란드는 노르웨이의 식민지였고 노르웨이인들에 의해 오랫동안 개척되어 왔으나, 복잡한 과정을 거쳐 현재는 덴마크령에 속한다. 인구는 5만 6,000명 정도이며 88퍼센트 정도가 이누이트 원주민이고 10퍼센트가 덴마크인, 그리고 2퍼센트 정도가 미국인이다. 얼음이 녹으며 자원 개발이 용이해지자 원주민들은 보다 많은 자치권을 요구하였고, 최근에는 독립의 의지를 보이고 있다 한다.

최초로 그린란드가 식민지가 된 시기는 9세기경, 노르웨이의 바이킹족에 의해서였다. 바이킹족은 14세기까지 그린란드에 거주하였으나 점차 기후가 나빠지면서 이곳에서 철수했다. 어쩌면 그린란드라는 이름은 여름철 해안에 푸르게 자라는 풀을 보았던 그들이 붙인 것일지도 모르겠다. 이후 17세기에 노르웨이가 다시 정착을 시도한 이래 그린란드에는 지금까지 유럽인들이 거주하고 있다.

그린란드의 주요 산업은 본래 어업이었으나, 지구온난화로 인해 현재는 농업과 목축도 행해지고 있다. 앞으로 지구온난화가 가속화되면 아마도 이 산업들은 더욱 발달할 것이고 자원 개발로 그린란드의 인구는 급격히 늘어날 것이다.

그린란드 서쪽 해안을 따라 매장되어 있는 원유의 양은 500억 배럴로 알려졌는데 이 정도면 세계 7위 규모이다. 2004년에는 원주민들이 원유 수입의 절반을 덴마크에 넘기는 대신 향후 15년 동안 독자적인 외교권 등 예전보다 광범위한 자치권을 얻었다. 최근 들어서는 빙하 속에 묻혀 있던 석유 자원 외에도 금, 다이아몬드, 아연 등 다른 광물자원들도 해빙과 함께 채굴이 유리해지면서 사법권, 경찰권 등 자치권의 규모가 더욱 확대되는 방향으로 나아가고 있다. 아마도 지구상에 새로운 국가가 탄생할 날도 멀지 않은 것 같다. 자치 정부는 덴마크 식민지배 300주년이 되는 2021년 이전에는 독립할 것으로 기대하고 있다. 지구온난화로 많은 경제권을 얻은 그린란드와 많은 것을 잃고 있는 몰디브의 운명은 환경이 국가의 운명에 얼마나 많은 영향을 미치는지 보여 주는 대표적인 예라고 할 수 있다.

* 그린란드(Greenland) : 북아메리카 북동부 대서양과 북극해 사이에 있는 세계 최대의 섬. 섬 둘레에는 누나타크(nunatak)라고 부르는 암봉이 곳곳에 빙상 위로 돌출하여 산지를 이루고 있으며, 해안은 피오르드와 작은 섬들로 이루어져 있다. 대부분의 지역이 빙설 기후이고, 얼음에 덮이지 않은 연안부에서 툰드라 기후를 보인다.

09

도시는 왜 더 더울까?

도시의 열섬 현상 |

　　　　　　도시가 점점 뜨거워진다. 많은 사람들과 물자, 에너지가 모여서 상대적으로 많은 열을 뿜는 데다가, 먼지와 가스 등과 같은 온실기체도 많이 생산되기 때문에 온실효과도 높은 곳이 도시이다. 아무래도 숲과 물이 적고, 뜨거운 열을 흡수하지 못한 콘크리트와 아스팔트가 지표면과 가까운 대기로 열기를 뿜어서 더위를 더한다.

　이런 것을 도시의 열섬(heat island) 현상이라고 한다. 도시보다 상대적으로 온도가 낮은 농촌 지역이나 인구가 희박한 지역, 숲과 물이 상대적으로 많은 지역 등으로 둘러싸여서 더운 도시 공간이 섬처럼 포위되었다는 뜻에서 붙은 이름이다. 여름의 찜통더위와 열대야 등은 전국적인 현상이지만 도시는 특히 더하다. 인구밀도가 높아 서로 부대끼며 살아야 하는 도시민들이 느끼는 불쾌감과 짜증은 타 지역의 사람들보다 더할 것이다.

이미 약 40년 전부터 뉴욕, 파리, 런던, 모스크바, 도쿄 등 전 세계의 주요 도시들은 주변에 대해 평균적으로 약 1도의 온도 차를 보였다. 1959년 3월 14일 런던의 도시 열섬 조사에서 시내 중심가와 도시 주변의 기온 차는 무려 섭씨 6도에 달했다.

서울도 예외는 아니다. 1978년 9월과 10월 사이에 한국의 기상연구소에서 조사한 내용을 보면 서울의 도심과 교외의 기온 차는 새벽 6시에 최고 6도까지 벌어졌고, 가장 더운 오후 2시에 그 차이가 가장 적어 2도를 기록했다. 당시의 서울에서는 종로, 서울역, 영등포 일대에서 열섬 현상이 뚜렷이 나타났다. 30년이 지난 현재는 그 상황이 더욱 심할 것이다.

도시 기후의 특성 |

도시는 태생적으로 에너지와 물질 측면에서 자생적이지 못하다. 도시는 다른 체계와 연계된 열린 체계(open system)이다. 도시를 유지하기 위해서는 주변이 도시 쪽으로 지속적으로 에너지와 물과 영양 물질을 공급해야 하고, 도시 생활에서 나온 폐열과 폐에너지, 폐수 등의 폐물질 또한 신속하게 그 주위가 처리해 주어야 한다. 에너지와 물질의 공급이 원활하지 않거나 폐에너지와 폐물질이 처리되지 않으면 도

이민부의 지리 블로그

시는 지속될 수 없다.

　도시는 주위로부터 공급 받은 것들을 도시 유지에 사용하고 폐물질을 생산하는 과정에서 더워진다. 도시가 비교적 폐쇄된 분지나 계곡에 위치한다면 이러한 폐열들이 빠져나가지 못하고 갇히고 만다. 열과 함께 온실효과를 일으키는 여러 가지 공해 물질이 함께 남음은 물론이다.

　도시 기후의 특징을 살펴보자. 도시는 사용된 폐에너지를 대기로 내보냄으로써 기온이 올라가고, 더운 공기가 대기 중에 늘어나므로 상대적으로 건조하다. 같은 날 맑은 이른 아침에 시골은 도시보다 더 많은 이슬이 맺힌다. 이슬이 맺힐 수 있는 수풀과 잎들이 많기 때문이기도 하지만, 기본적으로 도시에 비해 대기에 수분이 많기 때문이다.

　열섬 효과로 대기를 가열하므로 도시에는 대류성 강우(對流性降雨)도 자주 일어나는데, 상승기류가 급히 만들어지고 소나기와 같은 비도 급히, 짧게 내린다는 특징이 있다. 도시 지역이 높은 열로 상승기류를 많이 만들어서 강수량이 많은 것 같지만 실은 그렇지 않은 이유이다.

　2008년 5월 15일 국립산림과학원의 조사에 따르면 열섬 현상 때문에 서울의 아카시아 꽃이 전라남도 해남의 땅끝마을보다도 3일이나 일찍 피었다고 한다. 지구온난화 현상으로 전국의 개화 시기가 조금씩 빨라지고는 있지만, 남쪽 지역보다 서울에서 일찍 꽃이 피는 것은 열섬 현상 때문이라고 설명될 수 있다.

나무와 물, 바람이 도시를 살린다 |

　　　　　　찌는 듯이 더울 때 에어컨을 사용하면 실내는 냉커피 마시는 것처럼 시원하다. 그러나 냉방되는 건물의 바깥쪽은 실내에서 배출된 더운 공기로 더욱 후덥지근해진다. 아스팔트와 콘크리트로 이루어진 길바닥은 그 열들을 흡수하지 못하니 도시의 온실화를 부추긴다. 결국 많은 전기 에너지로 도시의 대기가 더워진다는 뜻이고, 그래서 해마다 여름이면 에너지 소비를 줄이자는 목소리가 높아지는 것이다.

　　열섬 현상의 완화를 위해서는 도심지 내에서 숲과 물의 면적을 넓히는 것도 중요하다. 이들은 열을 흡수하면서 대기를 안정시킴은 물론, 먼지를 흡수하고 신선한 공기도 생산하는 등 여러 가지 긍정적인 작용을 하기 때문이다.

　　나무로 도심의 기온을 낮추려는 시도가 성공한 대표적인 도시가 대구이다. 분지로서 여름철 우리나라의 대표적인 더위 지역이었던 대구는 지난 10년 동안 약 1,000만 그루의 나무를 심어 2008년 여름에는 한낮의 도심 기온을 무려 1.2도나 낮추었다. 공원 수도 2004년부터 2007년까지 3년 동안 340개에서 469개로 늘리고, 녹지율 역시 15.2퍼센트에서 17.3퍼센트로 높였다고 한다.

　　사람들은 더울 때 등목을 하거나, 바닷가와 계곡을 찾는다. 물이 더위를 식히는 데 큰 영향을 미치기 때문이다. 이러한 점을 도시 열섬 현상의 해결을 위한 도시계획에 반영해 볼 필요가 있다.

도시의 공원은 열섬 현상을 해소하는 데 큰 도움이 된다. 사진은 송파구 방이동의 올림픽공원.

또한 도시의 하천은 길게 뻗어 있으므로 도시 전체 혹은 상당 지역의 온도를 낮추는 역할을 한다. 다만 많은 물이 흘러야 이러한 효과를 얻을 수 있는데, 도시의 하천은 일반적으로 건천을 이루는 경우가 많으므로 비용을 들여 주위의 큰 하천이나 지하수에서 인위적으로 물을 끌어와야 한다.

서울과 전국 여러 도시들의 많은 하천 복원 사업도 인위적으로 수량을 늘리고 물을 깨끗하게 만드는 작업의 일환이다. 현실적인 어려움이 따르겠지만, 그간 개발로 인해 직강화된 하천을 곡류형으로 복원하고, 복개를 걷어내며, 작은 규모의 범람원도 자연적인 습지로 조성하는 방안 등을 고려해야 할 것이다.

자세히 살펴보면 도시에도 바람길(wind corridor)이 있다. 바람길은 자연스럽게 공기가 유통하는 길로서, 낮은 고갯길이나 하천길을 따라 바람이 길게 통하는 통로를 말한다. 이러한 바람길은 시원한 바람을 도시로 공급하여 도시의 열섬 현상을 해소하고 오염된 공기를 주위로 확산시키는 역할을 한다. 따라서 물길과 숲길뿐 아니라 바람길을 확보해 주는 시각까지도 도시 계획에 포함되어야 할 것이다.

도시의 노력들도 없지는 않다. 많은 도시들이 크고 작은 공원과 녹지들을 만들고 있다. 잘 알려진 대로 광주광역시의 폐철도 부지에는 길게 뻗은 녹지 공간이 조성되어 시민들의 사랑을 받고 있다. 서울에서도 광화문의 아스팔트길에 물길을 만들어 청계천과 연결하고, 성북역과 태릉 사이의 경춘선 폐철도 길을 녹지형 테마 공원으로 만든다고 한다. 도시의 열섬 현상을 해소하기 위해서는 도시 차원의 이러한 노력 외에도 에너지 소비를 줄이는 등의 개인적 노력도 뒤따라야 할 것이다.

* 열섬(heat island) : 도시의 기온이 교외보다 높아지는 현상으로, 산업화와 도시화가 급속히 진행되면서 발생하기 시작했다. 녹지 면적이 줄어들면서 동시에 인공열과 인공시설물, 대기오염 등에 의해 도시 상공의 기온이 높아진 것이다. 여름에는 열대야 현상을 초래하기도 한다. 열섬 현상으로 대기가 더 건조해지면서 먼지 발생도 많아진다.
* 대류성 강우(對流性降雨, convective rain) : 지면이 강한 일사로 가열되면 대기가 불안정해지면서 대류가 발생하는데, 이로 인해 일어나는 강우 현상을 말한다. 열대 지방에서 주로 일어나고, 빗방울이 크고 강하지만 단시간에 그친다는 특징이 있다. 열대 지방의 스콜도 대류성 강우이다.

3

경제와 도시 속
지리 이야기

01

인구에 대한
맬서스의 예측은 옳았을까?

'인구'는 '입'을 말한다

우리말 인구(人口)는 '사람의 입'을 뜻한다. 식량의 소
비자라는 뜻이 강하다. 인구가 늘었다는 것은 입이 늘었다는 뜻이고, 그만
큼 식량과 의(衣)와 주(住)도 더 필요하다는 것을 의미한다. 어려운 시기에
인구는 '힘'이 아니라 '짐'으로 보는 시각이 내포되어 있는 셈이다.

'식구'는 한 집에 같이 사는 '인구'이다. 가구(家口), 호구(戶口) 등의
말에도 모두 양식의 필요성을 의미하는 '입'이라는 말이 들어가 있다.
먹고사는 일은 예나 지금이나 쉽지 않다. 통치자의 입장에서도 백성을
먹이는 일이 사실 가장 중요한 임무였다.

영어에서 인구는 population이고, 이것은 popular(민중의, 대중의, 인

민의, 널리 알려진, 인기 있는)의 뜻이지만 대부분의 경우에는 '어떤 집단의 사람 수'를 의미한다. population은 생물의 개체 수를 나타낼 때도 사용한다. 한편 demography는 인구 혹은 인구학(人口學)을 뜻하는데, 여기에서 demo는 '민중, 인민, 백성'을 의미한다. 수를 헤아리는 통계적인 특성도 보인다. 통치자의 입장에서 '먹여 살려야 하는 수(population)가 얼마인가' 하는 점에서 결국 우리의 '인구'와 맥이 통한다고 할 수 있다.

인구와 경제 |

최근 전 세계적으로 금융경제위기를 넘어 실물경제위기가 닥치면서 경제 규모 자체가 줄어드는 디플레이션이 오고 있는 것 같다. 수요가 줄었으니 가격도 내려야 정상인데 그렇지 못해 스태그플레이션이 올지도 모른다는 우려의 목소리도 있다. 앞으로 어떤 선망이 나올지 걱정스럽다.

인구는 경제와 밀접한 연관을 가지고 있다. 경제 주체로서 경제의 원동력이자 생산물에 대한 소비자이기 때문이다. 따라서 인간은 어떠한 형태로든 모두 경제와 연관을 가진다.

거의 선진국 문턱에 와 있는 우리나라는 세계적으로 그 경제력을 인정받고 있는 국가이다. 현재의 우리 경제에서는 경제활동인구(economically active population)가 절대적으로 중요하다. 우리는 자연자원이 부족하므로 사람, 즉 인재가 자원이라는 말도 오랫동안 들어 왔다. 경제활동인구는 노동력과 유사한 개념이고, 뒤에 나오는 환경인구와 대비하면 경제인구(economical population)가 된다.

그런데 요즘 보면 선진국과 신흥국 모두에서 인구 증가율이 둔화되고 있기 때문에 전체 인구가 줄 것을 우려하는 나라들이 많다. 보도에 의하면, 우리나라는 세계에서 가장 출산율(1.2명)이 낮은 나라라고 한다. 출산율이 낮다고 걱정하는 유럽도 1.3명이다. 만일 이러한 추세가 계속된다면 현재 5,000만 명에 가까운 우리나라의 인구 수는 50년 후에는 3,000만 명으로, 100년 후에는 500만 명으로 줄어든다.

출산율이 낮아지면 인구의 노령화가 진행되고 부양 인구는 늘어난다. 반면 경제를 받쳐 줄 노동력은 줄고 부양 능력도 줄어든다. 여기에서 말하는 인구는 경제인구이다. 왜 출산율이 줄어드는가? 맞벌이가 늘어나는 현상, 경제 발전으로 보다 나은 생활수준을 요구하게 된 상황 등 여러 아이를 키우기 힘든 이유는 많다. 급기야 결혼을 거부하는 비혼자가 늘어나는 추세이다. 그래서 국가적으로 부족한 노동력을 해외에서 불러들이고 정책적으로 아기를 많이 낳도록 장려하는 등 여러 노력을 펼치고 있지만, 초 · 중등 학생들의 수는 1990년대 이후 계속해서 줄고 있다.

맬서스의 인구론과 환경인구 |

그러나 인구 폭발, 인구 재앙에 대한 공포도 있는 것이 사실이다. 개발도상국이나 후진국일수록 이러한 공포는 더하다. 맬서스(Thomas Robert Malthus)의 인구론이 이러한 점에서 유효할지 모른다. 기술 발전과 경제 성장에 따라 식량 증가는 산술급수적(1, 2, 3……)이지만 인구 증가는 기하급수적(1, 2, 4, 8, 16……)이라는 내용이다. 결국 식량이 모자라게 되어 기아 현상이 나타날 것이고, 범죄와 같은 사회적인 문제도 발생할 수 있다. 따라서 맬서스는 사회의 법질서나 제도도 어떤 식으로든 조절되어야 하고,

영국의 경제학자 맬서스.

대책 없이 인구가 늘어나면 필연적으로 경제문제가 발생하므로 빈곤에 대한 국가 차원의 대책이 필요하다는 것을 역설하였다.

여기서 식량은 인간이 살아가는 데 필요한 가장 기본적인 조건이지만 이러한 개념은 곧 에너지나 자원 문제로 확대될 수밖에 없다. 결국 환경인구(environmental population)의 개념이 등장하는 시점이다. 경제인구와 꼭 반대되는 개념은 아니나 대비되는 개념이다. 1970년대까지만 해도 인구 억제가 국가적 방침이었다는 사실을 되새겨 보자.

당장 살아가는 데 있어서는 경제인구도 중요하지만 멀리 보면 환경인구도 너무나 중요한 개념이다. 현재 나타나고 있는 에너지와 자원 문제

의 장기적인 심각성은 모두가 주지하고 있는 바이다. 맬서스는 사회적 · 자연적으로 인구가 조절될 것으로 예견하면서 그렇지 않으면 어떤 형태로든 재앙이 올 것이라고 말했다. 그러나 맬서스의 예언과는 달리 인구는 계속 늘어났고, 식량 생산량이 증대되면서 식량 문제는 어느 정도 해결되었다. 이를 어떻게 설명할 수 있을까?

농경지 확대, 비료와 농약 사용의 증가, 수리 시설과 저수지 확보로 안정적인 농수 공급, 지하수 채굴과 특수 재배를 위한 석유 등 에너지 공급, 농기구와 농기계의 발달과 운용, 종자 개량과 농업기술 개발 투자 등으로 농업 생산량이 절대적으로 늘어난 것이다. 초기의 농업은 자연의 조건(토양, 기후, 물)과 인간의 노력(노동력)이 결합된 형태였다. 그러나 갈수록 수많은 자원(지하자원, 수자원 등)과 에너지가 공급되어야 가능한 상태로 발전하였다. 늘어난 인구를 부양하기 위해서이다. 또한 단순히 주식만이 아니라 많은 종류의 기호품(술, 커피, 차, 담배 등), 나아가 바이오 에너지까지 생산해야 하는 상황이다.

이런 상황은 결국 삼림과 하천 범람원을 농경지로 바꾸고 자원과 환경 문제를 야기하면서 식량을 증산하는 현상을 초래했다. 210년 전에 맬서스는 인간이 지나친 자원 채굴과 환경 파괴를 통하여 식량을 증산할 것으로는 생각하지 못했는지도 모른다. 그가 주장한 인구론의 요지는 '비교적 자연 상태를 유지하는' 농업(부분적으로 다른 일차산업으로 대체 가능. 유럽은 식민지 착취를 통해 인구를 어느 정도 부양했을 것이다.)이 발전해야 많은 인구 부양이 가능할 것이며, 인구가 지나치게 늘어나면 많은 문제가 발생하여 강제적(자연 혹은 사회에 의한)인 방식으로 인구가 조절 될 것이고, 그렇지 않으면 빈곤과 기아의 비극이 발생한다는 것이었다.

그는 자신의 이론을 정립하기 위해 방대한 지역에서 지리적인 조건, 농업 생산과 인구 정책(주로 인구 억제책)의 관계를 조사하였다. '문명이 뒤떨어진 지역'과 '과거의 지역(역사시대)'이라고 하여 아메리카 원주민, 남양군도, 북유럽, 아프리카, 시베리아, 터키, 인도스탄(영국 식민 지배 당시 인도와 파키스탄이 분리되지 않았던 시점에 사용된 지명으로 보인다.)과 티베트, 중국과 일본, 그리스, 로마시대를 사례로 연구했다. 그리고 동일한 조건으로 '문명 지역(당시의 유럽 지역)', 즉 노르웨이, 스웨덴, 중부 유럽, 스위스, 프랑스, 영국, 스코틀랜드와 아일랜드 등을 연구하였다.

지리학자의 입장에서 보면 그의 국가별 사례 연구는 지리적 연구와 밀접하게 연관되어 있다. 그의 저서 중 지역 연구에 관한 것은 거의 절반에 해당할 정도로 그 언급 범위가 방대하다. 그의 주요 저서들은 경제적 요소를 연구한 것이지만 인구론은 지리적 조사를 바탕으로 한 위대한 연구이다. 2008년 노벨상을 받은 폴 크루그먼이 경제적 세계화의 구조를 경제지리학적으로 해석한 것과 비슷한 맥락으로 볼 수 있다.

맬서스는 유럽은 직접 답사를 한 경우가 많고, 여러 지역들에 대한 방대한 문헌도 인용하고 있다. 가능한 모든 정보를 수집·분석한 후, 그는 지리적인 조건(기후, 토양, 지형, 용수 공급 등)에 의하여 식량 생산량이 인구의 크기를 결정한다는 결론을 내렸다. 나쁜 기후와 좁은 농토로 농업에 불리하면 인구가 적을 수밖에 없다. 그러나 수산업이나 임업으로 보완하면 조금 더 많은 인구를 부양할 수 있다고 했다. 석유 등의 지하자원 그리고 삼림과 하천 범람원으로의 농경지의 극적인 확대를 계산하지 않았다. 맬서스에게 식량 생산은 요즘 말하는 '지속 가능한 농업'의 방식이었다.

경제인구와 환경인구의 합치, 조화로운 발전의 가능성

사실 현대에 와서도 여전히 식량이 부족한 지역은 많다. 그러나 지구에서 생산되는 모든 식량들이 공평하게 분배된다면 식량은 모자라지 않다. 생존에 충분한 정도로만 식량을 소비한다면 아마도 부족하지 않을 것이다. 그러나 자원과 에너지의 지나친 소비로 현대 문명에 대한 근본적인 우려가 나오듯, 농업 생산 측면에서도 상당한 지역에서 우려할 만한 결과가 보고되고 있다.

어느 정도의 행복한 생활을 유지하는 경제인구와 환경에 부담을 주지 않도록 하는 정도의 환경인구가 어느 선에서 합치가 되는 것이 이상적일 것이다. 현대의 인구 규모를 예측하지 못했다고 해서 맬서스가 틀렸다고 주장하는 이론이 많다. 그러나 환경 파괴와 에너지와 자원의 과도한 사용이 없다면 현재의 문명을 유지하면서 많은 인구를 부양할 수 없음은 분명하다. 맬서스는 틀리지 않았다.

경제인구와 환경인구는 서로 대치되는 것이 아니다. 맬서스가 1798년 발표한 『인구론』 초판의 제목은 '인구의 원리에 대한 소고(The Essay on the Principle of Population)' 인데, 1803년에 나온 '인구의 원리에 대한 소고 혹은 인간의 행복에 대한 과거와 현재에 있어서의 인구의 영향에 대한 견해와 더불어 미래에 일어날 폐해를 제거하거나 완화시킬 수 있는 전망에 대한 고찰' 이라는 긴 제목의 2판에서는 죄악과 빈곤이 없는 적정 인구와 '자연환경을 고려한' 충분한 식량 공급을 통한 인간의 행복을 주창했다.

최근 들어서는 죄악과 빈곤의 원인이 식량만의 문제가 아니라 복잡하고 다양한 원인에 의해 발생한다고 분석되지만, 인류 모두가 지구온난화와 환경 파괴 등 지구 전체를 우려하는 불안감 속에서 살아가고 있는 것은 사실이다.

경제인구와 환경인구 그리고 인간의 행복과 환경 보전의 조화를 이루는 것은 일견 어려워 보이기도 하지만 전혀 불가능한 것 같지도 않다. 현재 인류의 진화 방향은 경제인구의 개념을 중요시하는 것처럼 보인다. 그러나 최근의 경제침체 혹은 경제위기는 환경인구의 중요성도 어느 정도 반영하고 있는 것이 아닌가 하는 생각도 든다. 세계가 하나로 연결된 지금, 적정한 경제인구와 환경인구의 합치점을 찾아야 '많은 사람들이 행복한' 인류 문명이 오랫동안 유지될 것이다. 지속 가능한(생산이 충분하면서도 환경에 영향이 적고 에너지와 자원 고갈에 대한 걱정이 덜한) 경제활동을 영위하는 경제인구가 잘 보존된 환경 속에서 살아가는 환경인구와 일치될 때 인류는 행복할 것이다. 그것이 진정한 유토피아일지도 모른다.

* 경제활동인구(經濟活動人口, economically active population) : 일정기간 중 경제재 (經濟財)와 서비스 생산에 필요한 노동 공급에 기여한 모든 사람. 인구를 경제활동인구와 비경제활동인구로 구분한 데서 시작된 것으로, 국제노동기구(ILO)의 1954년 국제노동통계 관회의(ICLS)에서 채택한 결의안에서는 노동력이라는 용어를 사용하였다. 환경인구와 대 비되는 개념이다.

* 맬서스(Thomas Robert Malthus, 1766~1834) : 영국의 경제학자. 저서 『인구론』에 서 인구는 기하급수적으로 증가하나 식량은 산술급수적으로 증가하므로 인구와 식량 사이 의 불균형이 필연적으로 발생할 수밖에 없으며, 여기에서 기근·빈곤·악덕이 발생한다고 하였다. 이러한 불균형과 인구 증가를 억제하는 방법으로 도덕적 억제를 들고 있다. 차액지 대론, 과소소비설, 곡물법의 존속 및 곡물보호무역정책을 주장하였다.

02

그린벨트 없는 '녹색 성장'은
어떻게 가능할까?

그린벨트, 개발제한구역의 역사 |

        2008년 새 정부는 출범 이후 30년의 역사를 가진 개발제한구역의 개발제한을 대폭 완화하기로 했다. 군사용지로 묶여 있던 많은 토지들도 그 대상이다. 현실적으로 생산성이 떨어지는 농경지를 우선적으로 개발하고, 대신 친환경적인 방법을 사용해 그린벨트의 기능을 살린다는 계획이다. 한마디로 경제를 살리는 것이 우선이라는 것이다. 하지만 아무래도 녹지대는 줄어들 것이다.

    개발제한의 완화와 함께 생각해야 하는 것은 투기 현상의 근절이다. 사실 그린벨트 주민들은 주거지에 대한 개발 제한으로 어느 정도 불편을 감수했지만, 개발이 허용된 후에는 도시에 가까운 데다 녹지대도 상대적으로 많이 확보할 수 있어서 땅값이 올라갈 가능성이 많은데, 이러한 점들이 당연히 땅값에 반영된다. 1998년 그린벨트의 부분적인 해제를 앞두고 현황조사를 한 적이 있다. 그 결과를 보면 땅값도 어느 정도 상승했고 그린벨트 지역 소유주의 45퍼센트가 외지인이었다고 한다. 지금은 원 거주자의 비율이 더욱 줄었을 것이다.

그린벨트, 즉 개발제한구역은 1971년 박정희 정부 때 도입되어 전국적으로 확대되었고, 1977년까지 완결되었다. 대도시의 행정 경계를 가운데 두고 띠 모양으로 개발제한구역을 설정하였는데, 부산을 제외한 내륙 도시들의 그린벨트는 도넛 모양으로 대도시들을 포위하는 모양새이다. 그동안 비교적 엄격한 관리로 인해 지금도 대도시와 위성도시 사이에 개발이 덜 된 띠 모양의 공간이 아직도 남아 있는 모습을 쉽게 볼 수 있다. 그러나 대도시와 위성도시 간의 연결 도로가 확충되면서 녹색 띠는 계속 줄고 있다.

그린벨트의 목적 |

도시의 공공시설, 상업시설, 대규모 주거지로의 개발이 거의 완전히 차단된 그린벨트에는 기존의 마을과 농경지, 삼림만 남아 상대적으로 녹지대가 잘 보존될 수밖에 없었다. 사실 그린벨트를 도입한 데는 환경 문제의 차원보다는 무분별하고 무계획적인 대도시의 성장을 막고자 하는 데 일차적인 목적이 있었다. 도시의 시민들에게 녹지대와 가까운 거리에 등산로를 제공한 것도 부수적인 효과였다.

이민부의 지리 블로그

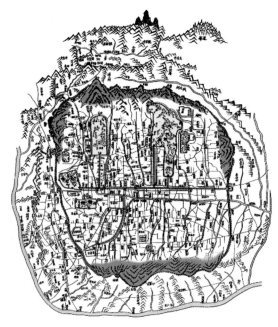

19세기 중엽 서울의 4대문 안을 그린 〈수선총도〉. 도성을 감싸는 산지들이 일종의 그린벨트이다.

당시는 급격한 경제 개발로 이농향도(離農向都) 현상이 심각했다. 농촌에 살던 사람들은 인근 소도시로, 대도시로, 그리고 결국 서울로 향했다. 이러한 '무작정 상경' 붐은 극에 달했고, 무허가 판자촌이 산으로 올라가고 하천변으로 내려가면서 확장되었다. 교통 문제도 심각해졌다. 그러다 보니 정부는 여러 안들을 만들게 되었는데, 도시에 산다는 것에 대한 세금을 물리는 주민세 도입, 인구 증가를 억제하는 산아제한 정책(가족계획 정책), 새마을 사업 등이 그것이다. 이러한 방안의 일환으로 개발제한구역 설정이라는 특단의 조치가 시행된 것이다.

사실 조선시대에도 산줄기를 따라 숲을 보존하여 풍수적 지맥 보호를

경제와 도시 속 지리 이야기

위한 금산(禁山) 혹은 봉산(封山, 영조때 이후 이름이 바뀜) 정책을 시행하여 삼림을 보호했다. 서울 도성을 이루는 북악산, 인왕산, 낙산, 남산을 잇는 연맥이 금산으로 설정되었다. 청계천을 보면 조선시대에 많은 준설 작업을 했음을 알 수 있는데, 비가 올 때 이들 산지에서 흘러내린 토사 방지를 위한 목적도 있었을 것이다. 조선시대의 왕릉으로 조성되어 오늘날까지 보존된 숲들은 역사적 · 지리적(도성 밖 10리에서 100리 사이에 조성됨) 그린벨트라고 할 수 있다. 서오릉, 동구릉, 태릉, 홍릉, 광릉 등의 숲들이 잘 보존되어 있으며, 그린벨트와 그대로 합치되는 곳도 있다.

처음 그린벨트 정책을 시행했을 때부터 박정희 정부는 이를 상당한 기간 동안 엄격하게 관리하였다. 곳곳에 그린벨트임을 알리는 푯말을 세우고, 새로운 건물이 들어서는 것을 막기 위해 담당 공무원들이 의심가는 지역에 대해 수시로 관찰과 감독을 수행했다. 또한 경비행기로 항공사진을 주기적으로 촬영하여 과거의 사진과 비교, 무허가로 들어서는 건물이나 용도가 변경된 토지를 적발하여 원상 복귀시키기도 했다.

그린벨트로 묶인 지역의 토지는 삼림, 마을, 농경지, 나대지 등으로 용도가 제한되었다. 그러나 인구가 증가하고(물론 최근에는 인구 증가가 거의 정체 상태지만 1977년 이후부터는 꾸준히 인구가 증가했다.) 경제 규모가 커지면서 주거지, 공업용지, 공공용지에 대한 수요가 늘었고, 이에 따라 개발제한구역에 대한 개발 요구가 증가하였다. 토지 수요 증가에 대처하기 위해 산지 개발, 농지 전용, 해안 매립, 고층빌딩 건설, 주거지 밀집화 등 다양한 방법이 동원되었다. 그러나 당장 많은 인구가 밀집하여 살고 있는 도시에서 토지를 구할 곳은 아무래도 그린벨트를 제외하고는 생각할 수 없었다.

선진국에서도 이와 유사한 제도를 운용하고 있지만, 한국처럼 대규모로 그리고 엄격한 규제를 통해 그린벨트를 유지하는 나라는 별로 없다. 많은 나라들이 녹지대를 보존하는 한국을 부러워하기도 했다. 물론 선진국에서도 현재 전원도시 개발, 도시공원 확보 등을 통해 이와 유사한 방안을 취하고 있다. 우리나라의 대도시도 그린벨트를 개발하고 도시공원을 확보하는 정책으로 전환되는 듯하다.

그린벨트는 그곳에 살지 않는 도시민들에게는 녹지대와 열린 공간을 제공하였고, 도시가 무계획적으로 팽창하는 것을 막았다. 그러나 그린벨트 바로 주변의 대도시 인접 지역에 위성도시의 밀집 및 팽창을 야기했으며, 서울시의 인구가 급속도로 늘어나는 부작용도 초래했다. 서울과 인천, 경기 등 수도권 지역의 인구는 2,000만 명에 이르렀다. 경기 북부 접경 지역은 인구도 적고 저개발되었다는 불만이 있기도 하지만 그린벨트가 도시 인구 억제나 서울 중심의 수도권 성장에 기여했다고는 보기 힘들다. 이제 녹지도 줄어들어 도시 재생이나 재개발 사업 등을 통해 충분한 인공 녹지를 공급하고 급경사의 산지를 보존하도록 노력하는 방향으로 도시 계획을 수립해야 할 것으로 보인다.

개발제한 완화와 녹색 성장 |

2001년 8월, 정부는 전국 그린벨트의 27퍼센

청주시 중심지 전경. 최근 들어 개발제한구역인 주위 산지들 쪽으로 도시가 확대되고 있다.

트에 해당하는 4억 3,000평에 대해 개발제한을 완화한다는 취지의 정책을 발표하였다. 특히 임대주택, 고속철도 역사 건설 등 국책 사업을 위해 추가 해제 방안도 발표했다. 국민의 재산권 보호, 그린벨트 내 취락 지역의 주거지 개선, 농어업 시설 개발, 국책사업 추진을 위한 토지 공급 등이 목적이었다. 물론 개발제한 완화 방침이 발표되자 당장 부동산 투기와 가격 상승의 가능성이 점쳐졌다. 그 전인 2001년 1월에는 그린 벨트 훼손부과금을 낮춰 정부가 훼손을 조장한다는 비난도 일었다. 이 부과금은 시설 설치를 막고 토지 매수 및 원주민 지원 사업을 위한 것으로서 이를 낮추는 것은 개발을 용이하게 하는 기능을 했던 것이다.

사실 개인이 그린벨트의 토지 용도를 변경하거나 새로운 건물을 세우

이민부의 지리 블로그

기는 어려운 일이었다. 그러나 정부나 공공기관에 의한 그린벨트에서의 개발 행위는 일찍부터 시작된 편이다. 예를 들어 1995년 정부는 공공용지 80만 평에 대해 시설물 설치를 계획하였다. 부산 농수산물시장, 고속철 광명역, 전주와 청주 등의 쓰레기 매립장 등이 그 예이다.

서울 동남부의 위성도시인 하남시의 사례를 살펴보자. 하남시는 시 전체 면적의 97퍼센트가 그린벨트로 이루어져 있어 개발에 많은 제한이 있었다. 최근에는 개발제한구역 완화 정책으로 기존 농경지를 목장 용지로 전용 허가를 받고, 서울과 인접한 지리적 이점을 이용하여 수익을 올릴 목적으로 창고, 철물점, 소규모 공장 등으로 개조하는 경우가 많다. 이러한 현상은 서울 근교의 하남 외에도 그린벨트에서는 흔히 나타나고 있으며, 수많은 비닐하우스와 개조된 창고가 밀집된 특이한 경관을 보여 준다. 이러한 지역들은 이미 숲의 기능을 상실하였으므로 기존의 취락과 함께 개발제한이 대폭 완화될 것으로 전망된다.

1990년대에 접어들면서 그린벨트는 공공시설 건설, 주거지의 개선, 농경지의 전용, 불법적인 이용의 장기화 등 여러 이유로 꾸준히 줄어들었다. 많은 관련 학자들과 환경론자들이 반대운동을 하였지만 결국 개발완화 혹은 허용 쪽으로 방침이 나아가고 있으므로, 그린벨트의 근간은 사라지는 것으로 보아야 할 것 같다. 과거 그 많은 반대를 무릅쓰고 시작한 새만금 사업이 이제는 새로운 방식의 개발로 방향을 튼 것과 마찬가지가 아닌가 싶다.

단, 기존의 산지는 최대한 보존하고, 농경지 역시 어느 정도 녹지대

경제와 도시 속 지리 이야기

기능을 수행해 왔음을 감안하여 개발 단계에서 함께 고려해야 할 것이다. 공원 용지도 많이 확보되도록 해야 할 것이다. 공원은 녹지대의 기능도 하지만 서로 성격이 달라 갈등이 일어날 가능성이 있는 토지 이용을 둘러싼 마찰을 해소하는 기능도 할 것으로 기대된다. 녹색 성장이라는 말이 구호에 그쳐서는 안 된다.

TIP

* 개발제한구역(開發制限區域, development restriction area) : 도시의 경관을 정비하고 환경을 보전하기 위해서 설정된 녹지대. 그린벨트(greenbelt)라고도 한다. 생산녹지와 차단녹지로 구분되며, 건축물의 신축·증축, 용도 변경, 토지의 형질 변경 및 토지분할 등의 행위가 제한된다.

03

미국발 금융위기와 지리학의
상관관계는?

미국발 금융위기의 지리학적 분석 |

　　　　　　　　미국발 금융위기가 세계를 흔들고 있다. 일단은 서브프라임 모기지론(subprime mortgage loan)에서 출발점을 찾는 것 같다. 경제적 능력이 조금 부족한(혹은 신용도가 낮은) 주민들에게 좋은 집을 팔면서 이를 담보로 대출을 해 주었으나, 대출자들이 매달 정해진 원금과 이자를 잘 못 갚으니 건설 회사나 대출을 해 준 금융사, 이들을 아우르는 더 큰 금융체계 모두가 문제에 봉착한 것이다.

　우리나라에서도 몇 해 전 대기업 그룹에 속해 있던 모 카드업체가 타 업체와의 회원 확보 경쟁으로 직장이 없거나 신용도가 검증되지 않은 젊은이들에게까지 카드를 마구 발급한 적이 있었다. 이들은 꼼꼼한 계획

없이 카드를 남용하였고, 결제 능력이 없어 카드대금을 갚지 못해 다수가 신용불량자가 되어 버렸다. 마구잡이로 카드를 발급했던 업체가 무너진 것은 당연한 수순이었다. 그 업체가 그 어린 사람들의 결제 능력을 몰랐을 리는 없다. 우스갯소리로 '가늘게 살자'가 국가와 개인의 금융위기의 해법이 아닐까 하는 생각이 드는 대목이다.

지리학자로서 금융위기 상황을 보면서 느낀 것은 전 세계가 자본의 흐름으로 모두 연결되어 있다는 점이다. 지리적으로도 지역의 구분은 사라지고, 큰 세계로 통합되어 가는 흐름을 보이고 있다. 자본의 지리적인 분포와 이동 통로를 분석하고 싶어지기도 한다.

사실 이것은 경제지리학(economic geography)의 영역이다. 우리가 그냥 '자본'이라고 통칭하는 것들에는 사실 여러 나라의 기업이니 개인, 정부 등에서 나온 것들이 섞여 있어서 쉽게 구분하기 힘들다. 자본의 지리적인 분포와 이동을 다루는 분야를 경제지리학 내에서도 특히 금융지리학(finance geography)이라고 한다.

금융자본은 어떠한 루트로, 어떠한 방식으로 돌아다니는가? 금융과 실물은 어떻게 연결이 되는가? 실물에서 선물과 현물은 또 무엇인가? 시간과 공간, 공개시장과 암시장, 자유방임적인 기업과 금융시장, 국가의 규제 등 금융 시장에서는 많은 것들이 뒤섞이고 있다. 그러나 실물경제는 각 국가와 주민들의 현실적인 지리적 조건(자연과 문화, 자원과 지역경제 등)과 밀접한 연관이 있다.

자본은 전 세계에 걸쳐 금융계와 국가 재정과 실물경제 사이를 빠른 속도로 이동한다. 그 분석은 보통 어려운 일이 아니다. 따지고 보면 원조(원조성 차관 포함)와 구호, 전쟁과 국제기구와 연관된 자금 등도 어떤 식으로든 연결되어 있을 것이다. 주식과 펀드 전문가들은 맡겨진 투자자의 자본을 들고 장래성이 있는 투자처를 찾아 헤맨다.

예금 금리가 높지 않으니 부동산과 주식에 돈이 몰리고, 펀드가 생긴다. 펀드는 전 세계를 상대로 투자를 하는 상품이니 '세계가 하나'라는 말이 실감난다. 그러나 투자는 투기성을 가지므로 원금과 이자가 보장되는 적금보다는 불확실성이 높다. 미국은 그동안 이러한 경향의 가장 선두에 섰다가 심각한 금융위기를 겪고 있다.

금융위기와 지리 |

2008년에는 어찌된 일인지 이런저런 일로 해외 출장이 많아서, 다섯 차례에 걸쳐 미국, 일본, 중국, 아프리카의 튀니지 등을 방문했다. 재작년에 다녀온 러시아 연해주까지 포함하면 짧은 기간 내에 다양한 경제력을 가진 국가들에 다녀온 셈이다. 방문했던 모든 나라의 많은 곳에서 도로와 항만, 아파트 단지, 시내 중심가의 상업용 건물들, 도심지의 재개발 등이 한창인 것을 보고 나니 전 세계가 공사장이 아닌가 하는 생각이 들 정도였다. 이렇게 가다간 지구가 견뎌 날까 하는 걱정까지 들었다.

중국의 오지에 해당하는 서역 신장의 사막에 위치한 여러 도시들(우르무치, 둔황, 투르판)뿐만 아니라 요녕성의 선양, 압록강변에 위치한 단둥, 연변조선족 자치주도인 연길에서도 대규모 개발이 진행 중이다. 러

두바이는 아랍에미리트 연방을 구성하는 7개국 중의 한 나라로, 대표적인 현대적 상업도시이다. 사진은 두바이의 대표적인 건축물인 버즈 알 아랍(Burj al Arab) 호텔.

시아의 연해주도 그러했고, 유서 깊은 미국의 보스턴도 재개발과 부도심의 개발이 많이 이루어지고 있었다. 중동의 두바이는 연일 인프라와 도시 건설의 엄청난 규모가 언론에 자주 등장해 익숙하다. 전 세계에서 초고층 건물들이 경쟁하듯 올라가고 있다.

미국의 도시 개발을 보자. 중심지가 있고, 교외 지역에 고급 주택가가 있다. 이런 주택가에 거주하는 상류층 사람들은 도시가 팽창하여 조금 어수선해지면 보다 먼 쾌적한 곳으로 주거지를 옮긴다. 그로 인해 주택의 유지, 도심지 직장으로의 출퇴근 비용, 이들을 위한 도시 순환 고속도로의 확장 등으로 많은 비용이 든다. 이에 대한 대책으로 도심지 재개발 혹은 도시의 재생 사업들이 각광받고 있는지도 모르겠다.

건설 산업도 발전을 해야 하므로 끝없이 일거리를 만들어 낸다. 경제력이 조금 떨어지는 주민들에게도 집을 담보 삼아 분양하고 30년 정도의 긴 기간 동안 갚아 가게 하는 모기지론을 이용하여 살게 한다. 이것이 빌미가 되어 세계적인 금융위기를 불러왔지만, 이는 일부에 불과할

지도 모른다. 전 세계가 광물자원, 수자원, 석유 등의 에너지 자원 등을 이용하여 끊임없이 건설하고, 자연을 개조하고, 경제 성장을 추구한다. 이런 것을 금융경제에 대응하여 실물경제라고 하는 모양인데, 실물이 받쳐 주지 않는 금융은 없을 것이다. 실물에 대한 이렇게 끊없는 요구를 자연은 얼마나 끝없이 공급해 줄까?

앞으로 전 세계의 사람들이 이러한 성장 위주의 방식을 고수한다면 금융위기는 계속 올지도 모른다. 소박한 생활, 슬로푸드, 생태공동체 등이 대안으로 나오고 있지만 그 목소리는 아주 작다.

우리나라도 경제가 이렇게 발전한 것은 참으로 잘된 일이지만, 그로 인해 아름다운 경관들이 점차 사라지고 있다. 그러다 보니 그런 경관이 오히려 귀한 자원이 되어 다시 부활하고 있다. 돌담길이 예쁘장한 마을, 어려운 개척의 역사를 보여 주는 계단식 논이 아름다운 마을, 시골의 정취가 풍기고 환경 친화적인 밥상을 받을 수 있는 동네, 깊은 산사 생활 체험 등이 각광을 받고 있다.

우리는 자연을 너무 혹사하는지도 모른다. 그리고 이러한 혹사가 첨단의 미국도 금융위기로 몰아가는 것일 수도 있다. 이것이 돌이킬 수 없는 모든 인류의 진화 과정이라면 해결책은 어디에 있을까? 결국 위기의 해결 방법은 개인, 기업, 국가 모두에 있어 자연적·지리적 조건을 무리하게 거스르지 않는 삶의 방식일 것이다. 지나친 구조물은 만드는 데는 물론 유지하는 데도 경비가 많이 든다. 작금의 금융위기는 전 세계 인류의 생활 방식에 변화를 요구하는 신호인지도 모른다.

* 서브프라임 모기지론(subprime mortgage loan) : 비우량 주택 담보 대출. 신용도가 일정 기준 이하인 저소득층을 상대로 한 미국의 주택 담보 대출을 말한다. 미국의 주택 담보 대출은 프라임(prime), 알트-A(Alternative A), 서브프라임의 3등급으로 구분된다. 프라임 등급은 신용도가 좋은 개인을 상대로 한 주택 담보 대출을, 알트-A는 중간 정도의 신용을 가진 개인을 상대로 한 주택 담보 대출을, 서브프라임은 신용도가 일정 기준 이하인 저소득층을 상대로 한 주택 담보 대출을 말한다. 이 가운데 서브프라임 등급은 부실 위험이 있기 때문에 프라임 등급보다 대출 금리가 2~4퍼센트 정도 높은 것이 일반적이다.

* 경제지리학(經濟地理學, economic geography) : 경제현상의 분포, 공장 등의 입지, 물자나 인구의 지역 간 이동, 산업의 지역적 분화 등을 다룬다. 그 대상은 세계 전반에서부터 한 국가, 시·읍·면의 세부에까지 이르는 것으로서 실지조사(實地調査)·문헌·통계·지도 등을 이용하여 지역의 사회적·자연적 조건을 분석하고 경제지역을 구분해서 그 성립·변화·상호관련 등에 관하여 연구한다.

* 슬로푸드(slow food) : 맛의 표준화와 전 지구적 미각의 동질화를 지양하고, 지역 특성에 맞는 전통적이고 다양한 식생활 문화를 추구하는 국제 운동.

이민부의 지리 블로그

04

우리나라의 동해안,
어떻게 개발할 수 있을까?

동해안 개발 전략 |

　　　　2008년, 정부에서는 국가균형발전위원회를 통해 남해안, 동해안, 서해안을 벨트 방식으로 개발하려는 전략을 구상한 바 있다. 특히 일본의 독도 해설서 발간에 이어 미국 지명위원회의 독도 주권 미정이라는 표기로 시끄러운 상황에서 동해안 벨트에서는 독도와 연계를 맺는 방안도 지속적으로 강구해야 할 것이다.

　　남한의 동해안은 서해안과 남해안에 비해 인구와 경제적 측면 모두에서 상대적으로 낙후되어 있다. 물론 태백산맥이 해안에 인접하여 발달해 해안 평지가 상대적으로 협소한 것과 수도권에서 상대적으로 먼 거리 등 지리적인 제약이 많은 것이 주 원인일 것이다. 그러나 장점도 있다. 지리적인 강점을 묶고 장기적인 전략으로 동해안의 경제를 살리는 것은 균형 발전에 크게 이바지하는 길이 될 것이다.

지난 정부는 '동서남해안권발전특별법'을 통과시켰다. 시도지사가 계획을 수립하면 국토해양부(당시 건설교통부) 장관이 개발구역을 지정해 주고 토지 수용과 사용권을 부여하며 보조금과 투자촉진 인센티브를 부여하는 등 사실 강력한 법안으로 보였다. 당시 정부 부처와 민간단체 그리고 학계에서는 지나친 개발에 따른 환경 문제, 난개발과 분산된 개발에 따른 집적 효과 미비 등 문제점을 지적했으나 정치적 요인과 지역 개발이라는 명분으로 법안이 통과되었다. 이러한 법안에 의한 개발과 그 효과 및 부작용에 대해 아직까지 크게 알려진 바는 없다. 그리고 이미 경제성 있는 해안 개발은 완료되거나 착수되었거나 최소한 계획되어 있는 것 같다. 이제 서해안과 동해안은 각각 여러 광역지방자치단체가 연합하여, 남해안의 선벨트처럼 '초광역경제권'으로 발전시키자는 주장이 나오고 있다.

동해안 개발을 서둘러야 하는 이유

동해안은 지리적인 요인으로 대규모 공업과 교역, 대규모 인구 유입 등을 기대할 수 없다. 그러므로 그 지리적 특성에 기반하는 장점을 살려야 할 것이다. 천혜의 자연조건에 의한 관광 산업, 에너지와 자원의 개발, 환동해권 개발, 동해 어업 개발, 동해안권 DMZ 관광권 개발, 독도와 울릉도 상징 지역 개발, 두만강 하류권 개발, 북한의 동해안 관광자원 개발, 동해안 해운과 시베리아 대륙과의 교통

망 개척, 러시아 지역의 농업투자 개발, 동해안권의 조선공업벨트 확장 등 많은 방법이 있을 수 있다. 이러한 계획에는 우선순위가 있을 것이고, 구체적인 계획이 세워질 때 현실적으로 일어날 수 있는 상황이 어떤 것인지 등을 따져 보아야 할 것이다.

예를 들어 관광 산업을 보자. 요즘 크루즈 관광이 뜨고 있는데, 이것을 동해안 개발에 적용시킬 수 있다. 동해안 곳곳 및 비무장지대와 같은 특수한 지역도 돌아보고, 울릉도, 독도, 금강산, 칠보산, 두만강 등을 관광한다. 러시아 연해주, 쿠릴 열도, 일본 홋카이도를 포함시키면 환동해권 크루즈 관광이 된다. 이를 위해서는 무엇보다 남북관계가 개선되고 일본이 무례한 주장을 거두어야 할 것이다. 이렇게 상황이 좋아지면 동

울릉도는 독도와 함께 환동해권 해양관광의 주요 기항지로서 기능할 가능성이 매우 높다. 사진은 울릉도 도동항.

블라디보스토크 항만. 러시아의 태평양 관문으로 환동해권의 한국과 긴밀한 협력이 기대된다. (사진 제공 : 김일림)

해안에 면한 일본 해안도 볼 수 있다. 상대적으로 동해를 이용하지 못하는 일본의 동해 연안도 발전할 것이다. 일본이 빠진다 해도 홋카이도를 제외하면 될 일이다. 두만강 하구에 배가 정박하면 두만강을 따라 중국 땅에도 들어갈 수 있다. 백두산 관광도 가능하다. 함흥 정도에서 개마고원을 보고 백두산으로 가도 되고, 청진에서 관모봉과 무산을 본 후 백두산에 오를 수 있다. 한국 · 중국 · 일본 · 러시아 등 4개국 크루즈 관광이다. 국내외 정치적인 조건들이 충족되어야 하지만 불가능한 것은 아니라고 생각한다. 만일 북극해의 얼음이 녹아 해양이 개방되면 유럽으로 가는 해운 루트도 열린다. 동해는 한국과 유럽을 이어 주는 주요 통로가 된다.

이민부의 지리 블로그

크루즈 선박이나 요트도 조선 공업의 산물이다. 동해안 남쪽의 울산은 세계 최대의 조선 공업 도시이다. 북한에서는 특히 영흥만이 호도반도와 갈마반도 덕으로 아늑하여 파도를 막을 수 있고, 남북한을 통틀어 동해에서 가장 넓은 해안 평야 지대(안변-원산-영흥-함흥-흥남)를 가지고 있다. 조선 공업의 입지에 좋다. 울산의 조선소가 협소하여 남해안과 서해안, 더 나아가 중국과 동남아까지도 진출을 알아보고 있지만 원산과 안변만 한 곳이 없다. 북한이 조금만 협력하면 한반도의 경제가 발전할 수 있는 것이다.

북한과 관계만 좋아진다면 당연히 더 좋은 일들이 많다. 아름다운 산과 바다가 얼마나 많은가? 동해안 고속도로나 열차가 연결이 되면 부산에서 원산으로, 함흥에서 청진으로, 그리고 두만강을 넘어서 러시아 연해주로 갈 수 있으니 군데군데 관광할 곳도 많다. 또 함경도에는 철·구리·마그네사이트·아연·망간·석탄 등 좋은 자원이 많다. 남한에서도 태백산지를 따라 철·석탄·석회석·텅스텐 등이 있다. 두만강 하류는 북한과 중국과 러시아가 만난다. 나진선봉지구는 공업과 상업·서비스·교통·교역·에너지의 생산과 교류가 가능한 곳이다.

2009년 1월의 상황을 보면 남북 간의 긴장은 높아지고 협력 교류도 많이 줄고 있다. 그러나 외국 크루즈선 회사들이 한·중·일 등 동북아 항로 개척을 위해 한국을 많이 찾고 있다. 우리나라 조선업체들도 크루즈 선박 건조 진출을 서두르고 있다. 북한과의 상황은 결국 호전될 것으로 본다면, 동북아의 크루즈 관광과 크루즈 선박 건조 모두에서 우리가 큰 역할을 할 수도 있을 것이다.

러시아 연해주는 우리와 인연이 많다. 고려시대 이래로 우리 교민들이 몇 세대에 걸쳐 거주하고, 발해 유적이 남아 있으며 독립투사들의 얼이 살아 있는 곳이다. 근래에는 농업 투자에 대한 관심이 커지고 있다. 러시아의 소규모 무역이 부산까지 연결되고, 러시아의 노동력이 우리나라로 와서 경제에 기여한다. 또 러시아에는 가스와 석유가 많다. 우리가 개발하고 파이프로 연결하거나 배로 실어 오면 된다. 러시아 연해주를 방문해 보니 해안에 참으로 넓은 평야들이 미개발 상태로 있었고, 내륙쪽도 마찬가지였다. 지구온난화로 농업 조건이 상대적으로 더 좋아질 수도 있다. 국제적인 일자리 창출이 가능하니 농업 투자 분야로 진출하는 것도 적극적으로 고려해 보자.

동해를 관광 · 에너지 벨트로 개발하자 |

정부에서는 동해를 에너지 벨트로 개발할 계획도 가지고 있는 듯하다. 남북한의 석탄, 러시아의 석유와 가스, 동해안 남부 해안에 위치한 다수의 원자력 발전소와 폐기물 처리장, 북한의 경수로 발전소, 동해안 바다 아래 묻힌 가스와 석유, 메탄하이드레이트와 같은 특수 에너지원이 모두 에너지 자원이다. 이들을 어떻게 연결하고 교류하고 집중시킬 것인가? 이것이 개발 방식을 결정하는 데 관건이 될 것이다.

동해는 넓고 깊은 바다이다. 고래도 많고, 다른 어업 자원도 풍부하다. 울산은 고래가 새겨진 반구대, 암각화 보존과 '고래 보기' 유람선 사업까지 계획하고 있다. 지구온난화 탓으로 열대 쪽에서 어족들이 동해로 많이 올라오고 있다. 한일 간 불거지고 있는 문제도 어업 자원 때문인 측면도 크다. 기르는 어업, 목장 양식의 어업 개발도 연구하고 있다. 심층수 개발도 벌써 시작되었다. 우리의 영토 독도는 그래서 중요하다. 해안을 따라 종으로 연결되는 벨트 외에 해양-해안-인접내륙으로 연결되는 횡축도 생각해 볼 만하다.

완전한 환동해경제권 발전과 동해안 벨트, 그리고 거대한 경제 클러스터는 힘들지도 모르지만 부분적으로는 성공할 것이다. 그러나 이제부터가 시작이다. 국제적 · 남북 간의 정치적 상황이 개선되면 바로 실천에 옮길 수 있는 다양한 계획, 이를 위한 풍부한 시나리오를 만들어 둘 필요가 있다. 이를 위해 현재의 각 국가 및 각 지역의 자연지리와 인문지리적인 요소를 꾸준히 조사하고 자료화해 두어야 한다. 바야흐로 지금은 국가 발전과 지역경제 발전을 위한 지리 정보의 시대이기 때문이다.

TIP

* 미국 지명위원회(United States Board on Geographic Names, BGN) : 미국 연방 정부 산하의 기구로,. 1890년에 생긴 이후 1947년 법적 공표를 통해 현재의 형태로 굳어졌다. 자국뿐 아니라 외국의 지리 용어를 주관하는 한편 그에 따른 조치, 정책, 원칙 등을 공표하는 일을 한다. 연방 정부에 대해 새로운 지명을 지정해 주거나 논란의 소지가 있는 용어를 해결하는 것이 가장 큰 업무이지만 특정 용어를 수정하거나 논란이 있을 경우 기관이나 보통 시민들도 개정을 요구할 수 있다.

경제와 도시 속 지리 이야기

05

먹을거리에 왜 이름표를 붙일까?

원산지 표시와 지리 표시제 |

정부는 복잡한 쇠고기 문제 해결책의 일환으로 2008년 6월 22일부터 쇠고기와 쌀 음식에 원산지 표시를 의무화했다. 원산지 표기 방법도 공표했다.

원산지 표시는 영어로 'Rule of Origin(RO)'이다. 비슷한 개념으로는 'Geographical Indication(GI)', 즉 지리적 표시가 있다. 두 가지 모두 국제 교역에서 매우 중요하고 필수적인 조건이다. 원산지 표시는 수요자가 공급자에게 상품의 품질과 관련하여 원재료의 출생 지역을 명확히 해 달라는 것이고, 지리적 표시는 공급자가 우리 제품이 생산된 곳을 표기하되 생산된 지역의 명칭을 배타적으로 사용하도록 하겠다는 것이다. 원산지 표시는 교역 조건에서 위생과 관련이 많고, 지리적 표시는 자유무역협정을 맺을 때 교역 조건으로 가격 결정에 많은 영향을 미친다.

우리나라에 들어오고 있는 외국산 쇠고기로는 호주산, 뉴질랜드산, 미국산 등이 있고, 유럽산은 거의 없다. 요즘에는 일본의 전통 소인 와규 품종을 호주에서 키워 들여와 파는 곳도 있다. 음식물의 재료들이 복잡할 경우에는 각 재료들의 원산지 표시도 매우 복잡할 것이다. 원재료, 양념까지 표시하면 더욱 복잡해진다. 쇠고기, 마늘, 고추, 파, 사골, 소금 등의 원산지가 모두 표기돼 있다고 상상해 보라. 그래도 위생적이고 안전한 음식을 먹기 위해서는 이러한 표시제가 필요하다.

지리적 표시에는 'indication'이라는 단어를 사용했지만 원산지 표시제에는 'rule'을 사용했다. 그것은 반드시 지켜야 하는 원칙을 말하며, 강제성이 강하다고 볼 수 있다. 지리적 표시에는 생산자가 생산지의 지리적인 우월성을 주장하는 의미가 들어 있으며, 그래서 'indication'이라는 말을 사용한 것으로 보인다. 원산지 표시의 정의는 '어떤 제품이 어떤 나라의 제품인지를 결정하는 규칙'이다. 즉, 생산 국가를 중시하는 것이다. 반면 지리적 표시는 보르도, 코냑, 보성 녹차 등의 경우처럼 보다 구체적인 원산지의 지역명이 들어간다.

지리 표시제와 관련된 정치적 논리 |

백화점이나 마트에 가서 상품들의 상표를 보면 원산지 표시를 볼 수 있다. 중국 제품이 눈에 많이 띄지만 일본, 동남아, 칠레 등 수많은 국가의 이름이 발견된다. 세계지리 수업시간에 숙제 내기 좋다.

원산지가 중요한 것은 상품의 출생 지역의 지리적인 조건 때문이다. 기후와 지형, 그리고 그 나라의 경제적인 수준과 유통 과정에서의 위생 수준, 비료와 농약의 사용 정도 등 모든 것이 식품의 위생 안전도에 영향을 미치기 때문이다. 이 경우 공급자와 수요자 간에 생산 과정과 유통 과정 모두에서 서로 투명하면 문제가 없을 것이다. 그리고 각 과정에서 표준화된 기준이 설정돼 있으면 더욱 좋다.

그러나 그것이 그리 쉬운 문제는 아니다. 정부와 농축산업에 종사하는 국민 간의 관계도 있고, 국가 간의 관계도 보통 복잡한 것이 아니기 때문이다. 외국산 소를 들여오는 경우를 생각해 보자. 그 소의 품종과 혈통, 지역에서의 병력은 어떤가? 어떤 초지에서 어느 시기에 얼마 동안 방목되고 언제 사육장에서 사료로 키워졌는가? 사료는 무엇이며 사료의 원산지는 어디인가? 언제 도축했는가? 도축장의 위생 조건은 어떤가? 종사자의 위생 상태와 위생 교육은 좋은가? 그리고 유통 차량과 선박의 냉동 상태와 안전시설은? 지방정부와 중앙정부의 안전 규정의 엄격함은 어느 정도인가? 이 모든 것들을 꼼꼼히 점검해야 할 필요성이 있는 것이다.

결국 수출국과 수입국 간에 소를 키우는 과정과 도축·검역·유통 등의 모든 과정이 투명하고 수입국에서 충분히 감찰할 수 있다면 문제가 없을 것이다. 그러나 최근의 여러 사태들을 보면 국제 정세와 국내 정서가 맞물려 다양한 당사자들 간의 신뢰 체계가 무너지고 있는 것 같다.

2007년 7월 16일부터 열린 한국-EU 간의 제2차 자유무역협정 협상에서 유럽 대표는 기후, 토양 등 차별성 있는 지리적인 조건으로 유명해진 보르도 와인, 스카치위스키, 샴페인, 코냑, 비엔나소시지 등 지리적 명칭(geographical name)을 가진 상품에 대한 지적 재산권인 지리적 표시제를 강화해 한국에서 일반명사처럼 통용될 수 없도록 할 것과 이를 농산물과 식품까지 확대할 것을 요구했다. 이들 상품에 대한 모방품도 신고 없이 처벌할 수 있도록 해 달라는 요구도 덧붙여졌다.

그렇다면 우리의 고려 인삼, 보성 녹차, 이천 쌀, 고창 복분자주 등 국내에 등록된 45개 상품이 유럽에 수출될 때도 같은 대우를 받을 수 있을까? 문경의 오미자, 인제의 황태 등도 지리적 표시 등록을 추진하고 있다. 한국과 EU간 지리적 표시 문제는 아직 타결되지 않고 있다. 유럽의 주류와 식품 등은 지리적 표시에 대해 매우 강력한 태도를 유지하고 있다. 상대적으로 호주 등 생산품의 역사가 짧아 지리적 차별성이 강하지 않은 국가들은 소극적인 편이다. 그러나 앞으로 어떻게 변화할지는 알 수 없다. 지구온난화 등의 환경 변화로 지리적인 조건이 바뀌면 지리적 차별성도 달라질 수 있기 때문이다.

우리나라에서도 엄격한
지리 표시제를 운영해야 |

우리나라에서는 농수산식품부에서 농산물품질관리

법상의 지리적 표시(KGI)를, 특허청에서 '지리표시 단체 표장'을 운영하고 있다. 지리표시제는 그 지역에서 생산, 재배, 가공해야 하지만 단체 표장은 생산이나 재배 혹은 가공 중 하나만 해당되어도 인정하는 제도이다.

그러나 보다 경쟁력이 강한 지리적 표시를 위해서는 현재보다 보다 엄격한 기준을 적용해야 할 필요성이 있다. 원산지의 성격이 강한 품종과 품질을 정하여 생산과 재배, 가공, 포장 모두를 그 지역에서 해야 한다는 강력한 원칙을 세워야 한다. 그리하여 생산되는 지역의 기후와 토양, 식생, 물의 조건의 조건이 알려져 그 상품 생산 지역의 지리적 조건이 차별성 있음이 알려지면 세계적인 명품이 될 수 있다. 반면 등록 조건이 완화되면 너무나 많은 지리적 표시 상품이 난무하게 되고, 이는 스스로 명품의 가치를 낮추는 일이다.

원산지 표시와 지리적 표시의 차이는 위생 안전성과 품질 보증의 차이, 소비자의 요구와 생산자의 요구 간의 차이임은 물론 심리적 자존심의 차이이기도 하다. 따라서 이 두 제도는 모두 엄격히 관리되어야 할 것이다. 그러나 세상은 참으로 복잡하여 원칙과 제도가 잘 지켜지지 않을 때도 있고, 분명한 글귀인 것 같아 보여도 해석의 차이가 생겨 정확한 시행이 그리 쉽지만은 않다. 여기에 국내외의 정치적인 상황과 문화적인 차이도 존재한다.

먹는 문제는 위생 문제와 직결되므로 모두 소홀히 해서는 안 된다. 우리 모두 수입되는 물품의 원산지와 지리적 조건을 잘 살피고, 우리의 원산지와 생산지의 지리적 조건을 청정하게 잘 지켜야 할 것이다.

경제와 도시 속 지리 이야기

06

라면과 과자의 가격이
자꾸 오르는 이유는?

곡물 가격이 치솟는다 |

　　　　　모든 물가가 뛰고 있다는 뉴스가 국민들을 불안하게
하고 있다. 특히 우리나라가 전량 혹은 거의 수입에 의존하는 석유와 광
물자원 그리고 곡물이 문제이다. 국제 농산물의 가격 폭등을 의미하는
애그플레이션(agflation)이라는 용어는 이미 널리 사용되고 있다.

　특히 곡물 값의 폭등이 심각하다. 국제연합식량농업기구(FAO)의 집
계에 따르면, 식량가격지수(FPI)가 2006년에는 9퍼센트였는데 2007년
에는 40퍼센트나 뛰었다고 한다. 밀, 쌀, 옥수수 등의 곡물은 특히 저소
득 국가의 주식으로 사용되고 있어 심각한 기아 사태가 발생할 수도 있
다. 이미 CJ제일제당은 밀가루의 가격을 2007년 9월에 13~15퍼센트

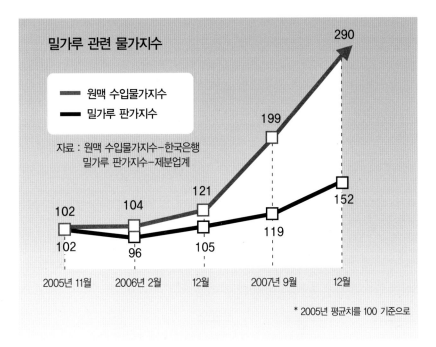

올린 바 있는데, 같은 해 12월에 또다시 23~34퍼센트 인상을 발표했다. 이렇게 되면 당연히 빵, 과자, 라면 등의 가격이 상승하게 된다.

국제 곡물 가격의 추이를 보자. 2005년 6월 콩은 톤당 214달러에서 2007년 12월 417달러로 1.9배, 밀은 142달러에서 349달러로 약 2.5배, 옥수수는 88달러에서 149달러로 1.7배가 올랐다. 아르헨티나, 우크라이나 등의 밀 수출국들이 수출가를 대폭 인상했고, 인도는 자국의 소비량 확보를 위하여 쌀과 밀의 수출을 중단했다. 식량이 무기화되고 있고, 수입국들은 식량 안보에 비상이 걸리고 있다.

우리나라를 비롯, 전 세계 인구의 절반이 주식으로 먹는 쌀도 공급 부족으로 가격이 20년 만에 최고 수준으로 올랐고, 헤지펀드들까지 대거 쌀 투자에 나서고 있는 형편이다. 가난한 많은 국가들이 주식을 쌀에 의존하고 있어 타격이 예상된다.

중국 농산물의 가격 상승도 예삿일이 아니다. 중국은 우리나라 농산물 가격의 안전판 역할을 했다. 사실 값은 싸지만 품질이 낮은 것으로 알려진 중국산 농산물이 우리나라에 들어오지 않으면 식량 자급도가 낮은 우리로서는 타격이 크다. 새해부터 중국은 밀, 쌀, 옥수수, 콩 등 57개 곡물에 대해 5퍼센트에서 25퍼센트까지 수출세를 차등 부과하기로 했다. 중국 내부의 농산물 가격 안정 때문이다.

농산물의 가격이 뛰는 이유와 그 해결책 |

이러한 농산물 가격 상승의 원인은 무엇일까? 크게 세 가지로 나누어 볼 수 있다. 먼저 지구온난화로 인한 기후 변화에 적응하지 못한 농산물들의 생산성 저하 때문이다. 또 중국과 인도 등의 저성장 국가의 경제 성장으로 생활환경이 개선되면서 농산물의 수요가 많아지고 먹을거리가 고급화되고 있는 것도 원인이다. 셋째, 농산물 대량 생산에 필수적인 농약과 비료, 관개, 농기계 생산 등에 필요한 석유와 같은 에너지 가격도 상승하고 있다. 최근에는 옥수수와 사탕수수를 비롯한 많은 작물들이 석유 대체를 위한 바이오 에너지를 활용하는 쪽으로 방향을 바꾸고 있다. 브라질을 선두로 하여 미국도 바이오 에너지 생산에 총력을 기울이고 있다.

중국의 돼지고기 값이 상승하고 있다는 뉴스도 눈에 띈다. 거의 세 배 가까이 오르고 있다고 한다. 중국의 급속한 경제 성장으로 국민들의 소비가 확대되고 사료 가격이 상승했기 때문이다. 또 중국인들의 치즈, 우유 등의 유제품 소비가 급증하면서 국제 치즈 가격이 상승하고, 우리나라의 여러 피자 가게들까지 가격 상승에 따른 물량 확보에 비상이 걸렸다. 중국은 세계 석유, 철광석에 이어 유제품의 블랙홀 역할을 하고 있는 것이다. 중국은 외환 보유량도 많아 블랙홀 역할 외에도 최근의 세계적 금융위기와 실물경제위기에도 잘 견디고 있는 편이다.

이들 문제는 한 국가만이 아닌 전 지구적인 문제이다. 무엇보다 이산화탄소 배출을 줄여서 지구온난화 문제를 해결해야 한다. 삼림 벌채를 줄이고 조림(造林)을 통해 산사태를 방지하고 지하수의 양도 늘려 곡물 생산량을 증가시켜야 할 것이다. 현재의 농업과 식량 수급에 환경, 자원, 기후, 국제 경제, 다양한 산업, 문화 등이 너무 복잡하게 얽혀 있다. 인류의 생존과 관련된 문제이므로 누구 하나 가릴 것 없이 각계각층에서 진지하게 고민해서 풀어야 할 숙제이다.

* 애그플레이션(agflation) : agriculture(농업)와 inflation(인플레이션)을 합성한 신조어. 곡물 가격의 상승에 따라 일반 물가도 상승하는 현상을 가리킨다.
* 국제연합식량농업기구(Food and Agriculture Organization of the United Nations, FAO) : 개발도상국의 기근과 빈곤 문제를 해결하려는 목적으로 설립된 국제연합 전문 기구.
* 헤지펀드(hedge fund) : 국제증권 및 외환시장에 투자해 단기이익을 올리는 민간 투자 기금.

07

에너지, 국력에 어떤 영향을 미칠까?

2006년 초, 러시아가 인접한 우크
라이나에 대한 가스 공급을 중단한 사건이 있었다. 우크라이나가 민주
화와 경제 부흥의 기치를 내걸고 경제적으로는 유럽공동체(EU), 군사적
으로는 북대서양조약기구(NATO) 등 서방세계와 가까워지자 러시아가
과거 공동체였던 우크라이나에 대한 '길들이기' 차원에서 가스 공급비
를 몇 배나 올렸고, 우크라이나가 이에 반발하자 가스 공급을 끊어 버린
것이다.

문제는 유럽에 대해 러시아가 수출하는 가스의 80퍼센트가 우크라이
나를 통과하는 송유관을 통과한다는 것이었다. 때문에 이러한 가스 공

급 중단에 대해 특히 놀란 독일이 외교적 해결에 나섰고, 결국 3일 만에 러시아는 우크라이나로의 가스 공급을 재개했다.

러시아의 시베리아는 사람이 살기 힘든 혹한의 지역으로 제정 러시아와 소련 시절에는 유명한 유배지였다. 도스토예프스키, 솔제니친이 이곳으로 유배를 당했다. 그러나 한반도의 30배에 달하는 655만km²의 이 땅에서 나오는 자원은 엄청나다. 특히 석유와 가스의 매장량은 러시아가 다시금 초강국으로 발돋움할 수 있는 발판이 되었다.

러시아 석유의 80퍼센트, 가스의 25퍼센트를 수입하고 있는 서유럽은 에너지 면에서 러시아의 인질이 되고 있고, 미국의 석유 회사들 역시 러시아로부터 그리 자유롭지 못하다. 시베리아도 이러한 에너지의 힘 덕분에 인구가 모여들어 도시가 발달하고 있다.

중국도 시베리아로부터 송유관을 통해 원유를 공급받고 있으며, 사할린의 석유 개발에도 참여하고 있다. 인도 역시 시베리아의 석유와 가스 개발에 투자하고 있다. 한국과 일본도 시베리아의 석유와 가스를 공급받을 송유관 개설 계획을 세우고 있다. 송유관이 북한을 통해 우리에게 바로 공급된다면 얼마나 좋을까 하는 생각이 드는 대목이다.

독일은 러시아를 상대로 에너지 외교 정책을 긴밀히 펼치고 있다. 우크라이나를 통한 가스 공급 외에도 가스의 안정적 공급을 위해 북쪽의 발트 해(Baltic Sea)를 통한 가스관 설치 계획을 세우고 있다. 세계의 전략이 바야흐로 에너지 중심으로 재편되고 있는 것이다.

미국의 전 대통령 조지 W. 부시가 중동에서 벌인 이라크 전쟁이나 그의 아버지 조지 H. W. 부시 대통령 때 벌어진 걸프 전쟁의 중심에는 모두 석유자원이 있다. 세계 유일의 강국 미국도 필요한 에너지를 위해서는 전쟁도 불사한다.

중국은 동중국해와 남중국해 등에서 일본과 동남아 국가들과 영해 분쟁을 벌이고 있다. 일본과는 센가쿠 열도, 동남아시아와는 난사 군도에서 영해를 주장하고 있고, 경우에 따라서는 군사력까지 동원한다. 현재 센가쿠는 일본이, 난사는 중국이 실효 지배하고 있다. 영해는 군사, 통행, 어업, 광물자원 등의 측면에서도 중요하지만 결국 석유나 가스와 같은 화석 에너지의 매장 가능성을 둘러싼 분쟁의 측면이 가장 크다.

카스피 해(Caspian Sea) 역시 이러한 분쟁으로부터 자유롭지 않은 지역이다. 37만km²가 넘는 세계 최대 면적의 내륙 바다(혹은 호수)인 카스피 해는 러시아, 카자흐스탄, 아제르바이잔, 투르크메니스탄, 이란 등의 국경과 접해 있다. 문제는 카스피 해에서 많은 석유와 가스가 생산되는데, 이 자원에 대해 각 국가들이 가지는 관심이 높다는 점이다. 카스피 해가 바다로 분류되면 영해를 만들어야 하고, 호수로 인정되면 면적 전체를 차지하는 연안의 비율로 분할이 가능하다. 러시아는 상대적으로 적은 연안을 차지하고 있기 때문에 카스피 해가 바다라고 주장하고 있다.

러시아, 구소련 연방에서 독립한 국가들, 아프리카에 대한 중국의 외교도 에너지 확보에 그 기본을 두고 있다. 미국도 구소련 국가들에 대한 원조와 교역을 통한 경제적인 협력과 군 주둔을 통한 군사 협력을 강화하고 있는데, 이것 역시 에너지 확보가 무엇보다 중요하기 때문이다.

경제와 도시 속 지리 이야기

현대 문명은 엄청난 에너지를 바탕으로 발전해 왔고, 문명의 퇴보가 없는 한 계속 그러할 것이다. 필연적으로 대기오염과 함께 온실효과에 의한 지구온난화가 유발되고 있다. 한편으로는 중국과 인도가 비약적으로 경제 성장을 하면서 에너지의 수요도 폭발하여 바야흐로 에너지 전쟁, 에너지 세계대전의 시대를 맞고 있다.

우리나라도 러시아(캄차카), 베트남, 미얀마, 아프리카 등 해외 유전 개발에 가능한 노력을 다하고 있다. 그러나 석유와 가스는 매장량이 한정된 화석 연료이므로, 결국 모두 사용한 후를 대비하여 새로운 에너지원이 있어야 한다. 따라서 많은 국가들은 대체 에너지 개발에 눈을 돌림으로써 에너지 문제와 환경 문제를 동시에 해결하려는 방향으로 나아가고 있다. 과거 중동 오일 쇼크가 왔을 때 잠시 대체 에너지 개발에 관심이 쏠렸지만, 석유와 천연가스의 생산과 공급 체계가 안정되고 새로운 매장량 발견 및 채굴 기술의 발달로 인해 그 관심은 줄어들었다. 그러나 현재 석유 가격이 치솟아 배럴당 100달러까지 갈 것이라는 전망도 있음을 생각해 보면, 새로운 에너지원을 개발하지 않을 수 없는 실정이다.

전 세계가 관심을 가지는 대체 에너지에 대해 우리도 역시 지속적으로 연구할 필요가 있다. 우선 우리나라 주변에 천연가스의 새로운 매장량이 있는지 찾아야 한다. 울산 앞바다에서는 소규모이지만 천연가스가 생산되고 있으며, 북한 쪽의 서해와 동해에서도 천연가스가 매장되어 있음을 알리는 징후들이 나타나고 있다.

그러나 화석 에너지와 마찬가지로 천연가스 역시 매장량은 한정되어 있다. 결국 무한한 에너지, 즉 재생 가능 에너지(renewable energy)인 수력, 태양열, 풍력, 조력, 지열, 생체 에너지 등에 세계는 관심을 기울이고 있다. 수력은 가장 전통적인 재생 에너지로서 일찍부터 많이 이용되어 왔다. 압록강의 수풍댐 발전소와 북한강의 화천댐 발전소가 있고, 서울 인근에도 팔당댐과 청평댐이 있다.

태양열도 가장 오랜 에너지원 중 하나이다. 직접 채광을 통해 에너지를 얻는 방법은 차라리 본능이라 할 수 있을 것이다. 농어촌이나 새로 개발된 주거지의 지붕에 태양열 전지판으로 난방과 온수를 해결하는 모습을 흔히 볼 수 있다. 그리고 가로등과 신호등용과 같이 소규모 에너지도 공급받을 수 있다. 심지어 차량용도 실험 중이다. 건축 설계 시에도 이러한 태양열 에너지를 많이 이용할 수 있는 방안을 고민해야 할 것이다. 태양열 에너지는 전국 어디서나 이용할 수 있고, 기술 발달에 따라 이용량을 늘릴 수도 있다. 그러나 겨울이나 악천후 시 그리고 북서 방향 사면에서는 이용이 어렵다.

지열은 우리나라의 지각이 지질학적으로 비교적 안정된 위치이기 때문에 그리 많지는 않다. 온천수로 이용하는 경우가 가장 일반적이다. 시원하고 인정한 온도를 유지하는 장점이 있는 동굴을 저장과 숙성을 위한 공간으로 이용할 수 있을 것이다. 지하의 시원한 바람을 끌어내어 여름철 건물 냉방용으로 활용할 수도 있다.

충남 안면도의 백사장 포구. 조석간만의 차가 커서 조력 발전에 유리하다.

풍력 발전도 최근 비약적으로 발전하고 있다. 제주도 행원에 풍력 발전기(풍차)가 들어선 이래 대관령, 영덕, 포항 등에도 가동 중이거나 설치 중인 풍력 발전 시설이 많다. 앞으로도 바람이 많은 산지와 해안에 계속해서 생겨날 것이다. 풍차만 있으면 에너지를 무한대로 공짜로 얻을 것 같지만 사실 바람이 늘 불지는 않는다는 점, 설치비와 유지비가 상당히 많이 든다는 점, 때로는 경관을 해칠 수도 있다는 점 등 문제도 있다. 유럽에서는 경관을 해친다고 해서 해안가의 바닷물 속에 설치하여 전기를 얻는 곳도 많다.

조력 발전도 있다. 우리나라의 서해안은 조석간만의 차가 커서 경기만에서는 거의 9m에 이른다. 만조 시에 들어오는 물을 가두었다가 빠져나갈 때 터빈을 돌리는 원리이다. 조차를 이용하는 것 외에도 파도의 힘(파력), 해남과 진도의 울돌목과 같은 곳에서 빠른 연안류(조류력)를 이용한 발전도 있다. 무한대의 에너지를 얻을 수 있지만 대규모이고 다른 해안 시설을 이용하지 못하게 되며, 역시 경관을 해칠 수 있다는 단점이 있다. 그러나 서해안에서 시도해 볼 만한 에너지원이다.

자동차의 경우 축전지를 이용한 하이브리드 카가 개발 중이고, 생물 디젤유도 상용화 예정이며, 수소를 이용한 에너지도 시험 중이다. 이것이 완성되면 거의 무공해인 무한대의 에너지를 얻을 수 있을 것이다. 그러나 아직은 편리성과 효율성 측면에서 석유와 천연가스를 따라갈 수가 없다.

공해가 심해 천덕꾸러기 취급을 받기도 했으나 가채연수(자원의 확인 매장량을 연간 생산량으로 나눈 지표)가 훨씬 긴 석탄에서 공해 없이 석유와 유사한 에너지를 뽑아내는 기술도 개발되고 있다. 타르 샌드와 오일 셸(유혈암) 등에서 석유를 뽑아내는 기술 개발도 진행 중이다. 다양한 생물체의 기름(콩기름, 해바라기유, 동백유, 옥수수유, 아주까리유, 유채유 등)들도 생물 에너지원으로 개발되고 있다.

원자력 이용의 확대도 재검토되고 있다. 방사능의 위험성과 핵무기 전용 등으로 조심스럽게 추진되던 원자력 발전은 가채연수가 3,600년에 달한다는 우라늄이나 토륨의 재발견으로 폐기물 처리 문제와 안전 문제가 해결되면 걱정을 조금이나마 덜 수 있을 것이다.

그러나 이처럼 재생 가능한 에너지들에는 아직도 열효율 문제, 개발 비용 문제 등이 따른다. 따라서 현실적인 문제가 덜한 화석 에너지들이 사용되고, 이 에너지들이 외교의 근간이자 무기까지 되는 것이다. 우리나라도 카스피와 남미, 북극해 등 에너지를 얻기 위해서는 어디든지 나아가야 한다. 그리고 재생 가능한 에너지 개발과 열효율 증대 기술 등에도 노력을 기울여야 한다. 전쟁은 안과 밖 모두에서 치러지고 있다.

갑자기 우리의 문명이 무너지지 않으려면 준비가 필요하다. 석유와 같은 화석연료는 어쩔 수 없다 하더라도 많은 대체 에너지가 바람, 태양, 지형 등 지리적인 조건을 최대한 그리고 합리적으로 활용하는 방향으로 개발되도록 더 많은 연구가 필요할 것이다.

TIP

* 발트 해(Baltic Sea) : 유럽 대륙과 스칸디나비아 반도 사이에 있는 면적 42만km^2의 바다. 카테가트(Kattegat) 해협, 스카게라크(Skagerrak) 해협을 통해서 북해로 이어진다.
* 팔당댐 : 경기도 하남시 천현동과 남양주시 조안면을 잇는 높이 29m, 제방 길이 510m, 총저수량 2억 4,400만 톤인 다목적댐. 이 댐으로 연간 2억 5,600kW의 전력 생산이 가능해졌으며, 서울 및 수도권 지역에 하루 260만 톤의 물을 공급하는 취수원으로서 큰 몫을 하게 되었다. 그 밖에도 유량 조절에 의한 한강의 범람 방지에 기여하고 있다.
* 청평댐 : 경기 가평군 청평면 청평리에 있는 높이 31m, 길이 470m, 호수면적 12.5km^2, 저수량 1억 8,000만 톤의 콘크리트 중력댐.

08

도시의 문제, 도시로 해결한다?

혁신도시란 무엇인가? |

       2007년 4월 6일, 대한지리학회는 국가균형발전위원회와 함께 혁신도시(Innovation City)에 관한 세미나를 개최하였다. 혁신도시는 행정복합도시, 기업도시와 함께 국토 균형 발전을 위한 노무현 정부의 국토 대전략 중 하나였다.

  혁신도시란 간단히 말하자면 정부 관련 공공기관들을 지방으로 옮기고, 이를 바탕으로 지역의 대학 · 관련 산업체 · 연구기관 등을 결합하여 새로운 자생도시를 만들어 수도권의 비대화를 막고 지역의 경제 성장을 유도하여 국토 전체의 균형 발전을 기한다는 전략이다.

  여기에서 혁신의 기본은 공공기관의 이전이다. 수도권에 입지한 크고 작은 공공기관을 상당수 이전하면 분명 지리적 혹은 공간적인 혁신이 된다. 일단 공공기관이 이전할 지역에서는 분명히 대상 지역의 경제 성장 효과는 거둘 것이다. 그리고 새로운 도시를 건설하는 중에는 '건설경기 부양'이라는, 비록 단기적이긴 하지만 지역 경제를 활발하게 하는 또 다른 효과도 기대할 수 있다.

2012년까지 공공기관 이전이 완료될 예정이라고 하니 계획대로라면 빠른 진도를 보일 것이다. 물론 그 시기까지 도시 시설이 완벽하게 갖추어지고 생산적인 활동 체계가 정착되기는 어려울지 모른다. 이런 것들에는 더 많은 시간이 요구되기 때문이다.

혁신도시에 대한 우려 |

이러한 기대를 갖게 하는 혁신도시 전략에도 다음과 같이 몇 가지 우려되는 요소들이 있다. 미래에 만들어질 도시들이 과연 창조와 혁신의 기능을 하면서 지역 경제를 활성화하고, 지역의 거점도시이자 자생력이 있는 자족도시로 성장하며 지역민들이 교육, 교통, 환경, 경제적 측면 모두에서 만족할 만한 쾌적한 도시가 될 것인가? 도시의 이미지와 상징이 멋지게 어우러진 도시로 설계되고 건설될 것인가? 주민, 기업, 대학, 연구소, 행정 및 공공기관의 결합이 잘 이루어질 것인가? 그리하여 안정된 동력을 가지고 꾸준한 성장을 이룩할 것인가?

또한 공공기관의 이전과 새로운 도시의 설계와 건설에 따른 대규모 개발로 인해 기존의 토지와 건물을 소유한 지역민에 대해서는 많은 보상비가 발생할 것이다. 그런데 일시적으로 발생하는 이러한 자금들은 어디로 갈 것인가? 새로운 부동산 투기가 일어나거나 많은 이들이 우려하는 대로 수도권의 부동산으로 자금이 몰리지 않을까? 예상대로라면 공공기관 이전은 지역 개발 → 지역 건설 경기 부양 → 부동산 가격 상승 → 투자와 투기의 집중 → 보상금의 재투자 등으로 이어질 것이다. 이에 따라 중앙정부, 지방자치단체, 이전되는 공공기관, 토지공사와 건설회사 등 물리적 개발의 주체, 지역 주민, 대학과 연구소의 관련 종사자들, 혁신도시에 인접하거나 주변을 형성하는 대도시와 마을들 사이에 이해관계가 발생할 가능성이 높다. 그러므로 지역 경제의 활성화와 국가 전체의 경쟁력 제고가 동시에 일어나고, 일상적인 도시 활동과 주거지로서의 안정이 이루어질 수 있도록 해야 한다.

어느 특정 지역에서 혁신도시가 성공한다면 지역 내에서 주변 지역과 또 다른 격차가 발생하지는 않을까? 수도권에서 이전해 온 많은 기관에 종사하는 사람들이 지역과 결합되지 못하고 주말에는 수도권으로 돌아가 낮에만 활기차고 밤에는 썰렁한 도시가 되지는 않을까? 국가 전체의 경쟁력을 떨어뜨리지는 않을까? 혁신도시의 건설에 들어가는 막대한 재원이 국가 재정을 압박하지는 않을까? 개발과 건설에 어쩔 수 없이 수반되는 국토 변화와 훼손은 또 어떻게 해야 할까?

이제 열 개의 혁신도시가 결정되었다. 각 지역별 혁신도시들은 제각기 처한 지리적 상황이 모두 다를 것이다. 거의 새로운 도시를 형성하게 되는 혁신도시는 어떠한 변화를 가져올 것인가? 지속적인 발전을 위해

경제와 도시 속 지리 이야기

서는 어떠한 도시의 모습을 지녀야 할 것인가?

도시의 모습과 외양도 중요하다. 도시의 이미지는 도시의 경제 성장에 또 다른 동인이 된다. 어느 정도 상징성 있는 이미지를 창출하고 그것을 도시 계획과 설계에 반영해 각기 지리적인 조건에 맞는 뚜렷한 개성이 있는 도시를 만들어야 한다.

혁신도시는 그 자체가 실험이다. 그러나 실패를 전제로 하는 일반적인 실험과 달리, 혁신도시는 거대한 구조물과 주민 생활의 변화를 가져올 큰 규모의 실험이므로 실패가 전제되어서는 안 된다. 그만큼 신중하게 다양한 조건들을 고려하여 도시를 만들어 가야 한다는 뜻이다.

또 다른 대안, 압축도시

최근 언론에 압축도시라는 용어가 등장했다. 얼굴에 바르는 가루분을 압축하여 만든 콤팩트(compact) 화장품처럼, 압축도시(compact city)란 압축된 좁은 공간에서 고밀도로 생활을 하게 하는 도시 계획의 방안이다. 나머지 넓게 남은 공간은 생태 공간, 여유 공간, 삼림 공간, 공원 등 열린 공간으로 활용하자는 것이다.

왜 이런 안이 나오고 있는 것일까? 지나치게 많은 인구가 밀집되어 있는 도시에서의 생활이 복잡하고 불편하기 때문이다. 사실 대도시의 아파트, 고층빌딩, 주상복합건물 등도 모두 압축도시의 모형이다. 가령 대도시의 모든 사람들이 단층이나 2층의 단독주택에만 살면서 충분한 건평을 확보한다면 대도시의 면적은 얼마나 더 늘어나고 녹지대는 얼마나 줄어들겠

이민부의 지리 블로그

는가? 그래서 도시는 높아만 가고 더 압축시켜야 한다는 목소리가 나오는 것이다. 녹지대와 같은 숨 쉴 수 있는 여유 공간을 확보하기 위해서이다.

무질서한 도시 확장

도시(city)는 본래 주위 다른 지역보다 사람들이 많이 모여 있는 취락(settlement)을 말한다. 대도시(大都市), 도시권(都市圈), 연담도시(聯擔都市), 광역도시(廣域都市) 등은 도시 중에서도 인구가 더 많고 더 많은 구조물과 자본이 모여든 곳이다. 인구와 자본이 모이므로 정치적으로도 중요하고, 새로운 직업을 만들어 내므로 사람들이 계속해서 모여든다. 대체로 한 나라의 수도와 수도권은 그 나라에서 가장 큰 인구 규모와 경제력, 정치력, 행정력을 가지고 있다. 상상력과 창조력의

미국의 대도시권은 점점 확대되고 있다. 사진은 아리조나 주의 피닉스(Phoenix) 시.

경제와 도시 속 지리 이야기

원천도 대도시라고 한다.

도심지에는 정치, 경제, 상업, 비즈니스가 모인다. 도심지로는 서울의 명동, 광화문 등지를 꼽을 수 있고, 부도심으로는 청량리, 신촌, 강남 등을 들 수 있을 것이다. 그러나 중심지가 소란하고 복잡해지고 낡아 감에 따라 새로운 도시는 보다 외곽에 자리를 잡는다.

조금 나은 주거지는 도심지에서 조금 떨어져서 발달한다. 사람들이 도시의 편리함과 교외의 쾌적함을 동시에 누리고자 하기 때문이다. 그러나 교통비용이 어느 정도 발생하는 것을 감수해야 한다. 경제력이 있으면 자가용으로 이동을 한다. 이것이 교외화(suburbanization)이다. 예전에는 서울 강북에서 조금 떨어진 수유리나 우이동 같은 곳이 교외라 할 만한 지역이었는데, 인구가 늘어나고 교통시설이 좋아진 지금은 분당과 일산 정도가 교외라 할 수 있을 것이다. 더 큰 개념으로 보면 경기도 거의 전역이 교외에 해당될지도 모른다.

도시 개발이 계획적으로 이루어지면 계획도시(planned city)가 되어 상업 지역, 주거 지역, 녹지 지역, 교통 체계가 적절히 발달할 수 있다. 세계에는 계획도시가 많다. 보통 신수도, 신공업도시, 신산업도시 등이 계획도시이다. 그러나 도시가 커지면서 계획보다 더 많은 인구들이 모여들면 무허가 주택과 무허가 소규모 공업 및 상업 지역, 무계획적인 도로망 등이 형성되어 도시는 복잡해지고 무질서해진다.

이처럼 무질서하게 도시가 확장되는 것을 도시내파(urban sprawl)라고 한다. 이것이 외곽 지역으로 더 확대되어서 부분적으로 대규모 주거지(고밀도 아파트)가 형성되지만 광역적인 계획이 없다면 환경과 교통, 교육 문제가 발생한다. 이것을 난개발(sprawled development; unplanned development)이라고 하는데, 경기도 남부의 용인, 안성, 수원 등지가 집중적으로 개발되면서 이러한 용어가 만들어졌다.

난개발은 왜 일어나는가? 수도권으로의 지속적인 인구 유입과 수도권 주민들의 경제력 향상으로 보다 나은 주거지에 대한 수요, 그리고 이에 따른 자본의 유입에 의한 투기 행위 등이 그 이면에 얽혀 있다. 아파트와 같은 대단위 주거지에 대한 선호도를 좌우하는 변수는 교통, 환경, 교육 등이다. 만일 이와 관련하여 좋은 환경이 조성되면 주거지의 가격이 상승하게 되므로, 짧은 시간에 가격 상승이 가팔라지면 투기가 일어난다. 투기성이 높으면 불리한 교통과 환경도 감수하는 경우가 많다.

자연과 함께하는 도시를 위한 압축도시 |

1960~1970년대에 서울의 인구 집중 현상이 두드러지자 정부에서는 이를 방지하기 위해 개발제한구역을 설정하였다. 이른바 그린벨트가 그것이다. 무계획적인 도시 확산을 막고자 했던 그린벨트는 실제로 많은 효과를 거두었다. 그러나 이러한 제한구역을 뛰어넘어 도시가 확대되고, 제한구역 내에서도 교묘하게 개발이 이루어지면서 서서히 개발제한이 풀리고 있는 실정이다.

1960년대에는 전원도시(田園都市) 이론이 등장하고, 실제로 계획되고 만들어지기도 했다. 미국 캘리포니아 주의 어바인도 이러한 유형의 계

전원도시형으로 개발된 일본 이즈[伊豆] 반도의 도시.

획도시로서 미국에서 가장 살기 좋은 쾌적한 도시로 뽑히기도 했다. 다른 지역과는 녹지대나 농경지 등으로 분리되어 적절한 인구에 충분한 여유 공간을 지닌, 도시지만 전원과 같은 생활이 가능한 도시 개념이다. 물론 직장과 주거가 분리되지 않으면 더 좋다. 우리나라에서도 분당과 일산 신도시의 경우 이러한 개념을 어느 정도 지닌 도시이다. 그러나 대도시 근교에 있으면서 직장과 주거가 분리되지 않기란 쉽지 않다.

도시 내부의 중심지와 교외 주거지 사이의 준공업지역(transitional zone)도 꾸준히 재개발되어 왔다. 경제 성장에 따라 사람들이 보다 나은 주거지를 찾게 되고, 낡은 단독주택가가 고밀도 주거지로 개발되면서 많은 인구를 감당하게 되었다. 또한 도심지에 가까운 지역에 밀집된 소규모 공장들이 환경 문제 때문에 다른 지방의 공단으로 혹은 중국과 같

이민부의 지리 블로그

은 해외로 나가면서 쾌적한 환경으로 개발되어 왔다. 이것이 바로 재개발 지역이다. 재개발은 도심에 가깝고 환경적으로 쾌적하며 교통도 편리하고 교육 환경도 좋아 투기성도 나타났다.

서울을 살펴보자. 서울 교외 지역에는 분당, 일산, 평촌 등 쾌적한 근교 신도시들이 세워졌다. 도심지 가까이에 있는 저층 아파트나 단독주택과 같은 저밀도 주거지는 고밀도 주거지로 거듭나고 있다. 즉, 수도권에 속속 들어서고 있는 좋은 주거지들이 수도권 바깥의 다른 지역 사람들을 불러오고 있는 것이다. 인구의 유입이 많으니 인구밀도와 주거지의 수요 역시 높아진다. 그런 과정에서 점점 거대해지는 철근과 콘크리트 건물들로 도시는 정서적으로 삭막해지고 있다.

도시가 확대되면 어떤 지리적인 변화가 올까? 인공적인 토지 이용으로 인해 자연적인 경관은 바뀌게 된다. 숲과 같은 녹지대와 기존의 농경지가 사라지고, 하천도 도시형으로 변한다. 공공기관과 상업, 서비스, 도로망이 확충되고 환경적인 쾌적도는 아무래도 떨어질 수밖에 없다. 요즘 서울과 같은 대도시권에는 전철과 일반 도로망 외에도 외곽 순환 고속도로가 만들어지고, 더 외곽에 또 다른 순환 고속도로가 계획되고 있다. 건설과 유지비용도 만만치 않다. 도시권 확대와 시설 유지 및 관리에 많은 예산이 들어간다.

이에 따라 환경 문제를 둘러싼 갈등도 야기된다. 사실 한국의 수도권인 서울과 경기도는 거의 인공적인 토지 이용으로 가득 차 있는 상태이다. 미국처럼 넓은 나라에서도 한없이 늘어나는 도시권과 교외 거주지로

경제와 도시 속 지리 이야기

인한 농경지와 삼림의 훼손·교통 문제·대기오염 문제 등과 같은 심각한 도시 문제가 발생하고 있는데, 좁은 우리나라는 더 말할 필요가 없다.

압축도시는 이런 문제를 해결하기 위한 대안으로 제안된 도시 형태이다. 도시 서비스 시설·도심 시설·주거지·공공시설 등 인공적인 토지 이용을 최소한의 면적에서 고층화, 고밀도화로 조성하고, 남은 토지나 대지는 공원이나 녹지 등 친환경적인 공간으로 남겨서 보다 많은 사람들이 공동으로 자연환경을 자주 접할 수 있게 하자는 도시 설계 방안인 것이다. 공감할 만한 부분이 많다.

TIP

* 도시권(都市圈, metropolitan area) : 도시 및 그와 밀접한 관계를 가진 주변 지역을 이르는 말. 통근권, 통하권, 쇼핑·오락권, 상권 따위의 요소를 종합적으로 파악하여 결정한다.
* 연담도시(聯擔都市, conurbation) : 대도시를 중심으로 주변 도시들의 시가지가 연결되어 있는 지역. 단순한 도시의 집합이 아니라 대도시를 중심으로 기능적으로 밀접한 관계를 맺고 있는 도시이다.
* 광역도시(廣域都市, megalopolis) : 인구 과밀화나 산업 집중화가 되는 것을 막고, 주변의 저개발 지역을 수용하여 개발하기 위하여 넓은 지역에 걸쳐 이루어진 도시.
* 전원도시(田園都市, garden city) : 영국의 E. 하워드가 1898년 제창한 도시 형태로, 도시 생활의 편리함과 전원생활의 신선함을 함께 누릴 수 있도록 설계된 도시를 뜻한다. 전원도시는 주로 대도시 근교의 전원 지대에 계획적으로 건설된다. 1869년 A. T. 스튜어트가 뉴욕의 롱아일랜드에 직교식 가로와 중심에 공원을 가진 도시를 건설한 것을 비롯, 1903년에는 하워드의 계획에 의하여 런던의 북쪽 56km 지점에 제1의 전원도시 레치워스(Letchworth)가 건설되었고, 이어 1920년에 제2의 전원도시 웰윈(Welwyn)이 런던 북쪽 32km 지점에 만들어졌다. 이 전원도시는 오늘날에는 모든 산업이 균형을 이루어 발달되었으며, 공원·녹지가 정비되고 주변은 농경지로 둘러싸여 있다.

09

미국 대규모 축산 지역,
소고기 벨트의 비밀은?

세계 최고라 불리는
미국의 농업 지대와 소고기 벨트 |

　　　　　　　소고기 벨트(Beef Belt)는 미국에서 축산업
이 상대적으로 많이 발달하고 있는 지역을 이른다. 미국의 선 벨트(Sun
Belt), 스노 벨트(Snow Belt) 등은 기후적 개념으로 동서로 뻗어 있는 지
대이지만, 소고기 벨트는 기후와 함께 지형의 영향에 의해 남북으로 형
성된다. 남쪽에서부터 텍사스, 오클라호마, 캔자스, 미주리, 네브래스
카, 아이오와, 사우스다코타, 노스다코타, 몬태나 등이 소고기 벨트에
속한다. 때로는 서부의 캘리포니아도 소 사육이 많다는 이유로 포함시
키기도 한다. 그러나 정확하게는 미국 본토의 중앙을 남북으로 관통하

며, 지형적으로는 미시시피 강의 서쪽에 위치하는 대평원(Great Plains) 지대이다. 물론 인접한 다른 주에서도 소 방목을 많이 하지만 특히 이들 지역의 목축이 성하다. 인구도 더 서쪽에 있는 산지가 많은 지역보다는 덜하지만 동쪽의 주들보다는 적은 편이다. 특히 북으로 갈수록 그렇다. 이들 주는 미국 내에서 상대적으로 축산을 많이 하지만 다른 농작물 경작도 이루어져 사실 혼합농업지대라고 볼 수 있다. 상대적으로 관개가 잘 되어 있고, 넓은 면적을 이용하는 조방적 농업(粗放的農業)도 그 특징이다.

일반적으로 지리 수업 시간에 배우는 미국의 농업 지대와 소고기 벨트를 비교해 보자. 서경 100도를 중심으로 소고기 벨트의 서쪽 지역은 '서부 기업 목축 지대(Western Livestock Ranching Region)'이고, 동쪽 지역은 겨울밀, 콩, 목축이 성한 지역이며, 캔자스 중심의 겨울밀 지역과 노스다코타 주를 중심으로 하는 봄밀 지역이 있다. 기업 목축은 대규모의 조방적 농업 및 방목을 그 특징으로 한다.

콘 벨트(Corn Belt)는 5대호의 동남쪽에 바싹 붙어 있으며, 코튼 벨트(Cotton Belt)는 텍사스를 비롯한 미국의 남동 지역에 퍼져 있다. 인구 및 육식 수요의 증가, 국제적 수요 상승에 따른 세계적인 상업적 곡물 농업 발달로 보다 건조한 서부 쪽으로 축산업과 함께 일반 곡물 농업, 옥수수나 목초 등 사료작물의 재배 지역이 확대되어 갔다.

지형적으로 보면 소고기 벨트의 동쪽은 미시시피 강의 저지대이며 서쪽에는 로키 산맥이 위치하는데, 이들은 모두 남북으로 달리고 있다. 북

미국 몬태나 주의 봄밀 농업 지대.

미 대륙의 지형적 특징은 로키 및 애팔래치아와 같은 거대한 산맥들과 미시시피와 같은 하천들이 남북으로 뻗어 있고, 동서를 가로지르는 산맥이 없다는 것이다. 따라서 허리케인이나 토네이도가 나타나면 남쪽에서 북쪽으로 휩쓸어 버린다.

　소고기 벨트도 남북으로 뻗은 대평원 지대를 따라 발달하고 있다. 대평원을 자세히 살펴보면 로키 산맥에 가까운 곳은 지대가 조금 높고 강수량이 적어 짧은 풀이 발달하고 있으며, 미시시피 쪽은 지대가 낮고 강수량과 지표수가 많아 풀의 키가 큰 초원 지대로서 프레리(Prairie) 지대로 불린다. 이들 초원 지대는 모두 미국의 곡창 지대를 이룬다. 텍사스 남쪽은 면화, 조금 위로는 겨울밀, 몬태나 정도까지 가면 봄밀 재배지이다.

경제와 도시 속 지리 이야기

소고기 벨트 지역의 기후를 보면, 미국 본토를 정확히 동서로 가르는 서경 100도 지역은 연 강수량이 500mm 정도인 지역으로 온대 지역의 기준으로 보면 상당히 건조한 편이다. 우리나라의 연평균 강수량이 1,250mm 정도이니 소고기 벨트는 매우 건조한 지역에 해당한다. 이 때문에 삼림보다는 초지가 더 잘 발달해 있다. 물론 로키 산맥에서 흘러내린 하천수가 약간의 물을 공급하여 계곡 쪽이나 높은 고도에는 삼림도 나타난다.

강수량이 적은 것은 보다 서쪽에서 남북으로 관통하는 로키 산맥이 서쪽에서 오는 습한 기류를 막아 주기 때문이다. 이 지역은 우리나라와 같이 중위도 편서풍대에 위치하므로 주된 기류는 서쪽의 태평양에서 발달하는데, 태평양 연안의 캐스케이드(Cascade) 산맥과 시에라네바다(Sierra Nevada) 산맥이 일차적으로 기류를 막고 동진하면서 로키 산맥을 맞아 다시 비나 눈을 내리고 건조한 상태에서 동쪽 산하로 이동하는 것이다. 그래서 서사면에는 비나 눈이 내리고 동사면은 건조해지는 푄(Föhn) 현상 혹은 높새 현상과 비그늘 현상을 가져온다. 따라서 다른 농업보다는 축산이 발달할 수 있는 지형적 조건을 갖추고 있는 셈이다.

텍사스는 면적도 본토에서는 가장 넓고, 축산과 면화, 밀, 석유 등의 물산이 풍부한 지역이다. 남부의 전통적인 농업 문화의 중심지로서 존슨과 부시 부자(父子) 등 역대 대통령도 여럿 배출하였다. 농업으로 텍사스에 대적할 만한 주는 캘리포니아 주 정도이다.

이들 지역에는 과거 더욱 건조한 지역이었음을 보여 주는 부드러운 구릉대가 잘 발달하고 있다. 이러한 구릉대에서는 모래층이 발견되므로 이곳이 과거에 사구였음을 알 수 있다. 이들 위에 자리한 초지를 개간하여 밀농사를 짓는데, 가뭄이 심하거나 과도한 개간으로 나대지로 드러나는 수도 있고, 먼지바람이 일기도 한다. 네브래스카의 샌드 힐(Sand Hill)과 캔자스의 플린트 힐(Flint Hill) 등과 같은 거대한 구릉도 발달한다. 1900년에서 1910년 사이에는 남부 대평원에 밀농사를 과도하게 확장하면서(당시 600퍼센트 증가) 더욱 심한 표토 유실과 먼지바람을 발생시켰다. 표토가 바싹 마르면서 거대한 먼지바람이 여러 지역을 파묻고, 바람에 날린 지역은 움푹 파이게 되었다. 바로 더스트 볼(Dust Bowl)이다. 당시 많은 농민들은 그들의 농토를 버리고 따뜻한 황금빛 서쪽 나라, 캘리포니아로 이주하였다. 이러한 현상은 1930년대까지 미국 경제에 지대한 영향을 미치면서 대공황을 유발하기도 하였다. 존 스타인벡의 유명한 소설 『분노의 포도』는 주인공들의 암울한 현실과 함께 당시 미국의 상황을 지역연구 보고서처럼 상세하게 설명하고 있다.

거대한 소고기 벨트의 탄생과 환경 문제 |

대규모의 상업적 목축은 집약적인 축산업으로 변모하면서 거대한 소고기 벨트를 형성하였다. 농업과 축산업을 위한 관개수는 오갈랄라(Ogallala)에서 상당한 양을 충당하고 있는데, 한반도 면적의 약 두 배에 달하는 약 45만km² 규모의 이 대수층(帶

水層)은 사우스다코타, 네브래스카, 와이오밍, 콜로라도, 캔자스, 오클라호마, 뉴멕시코, 텍사스 등의 대평원에 존재하는 화석수(化石水)로서 지금으로부터 200만~600만 년 전에 형성되었다. 이 지역 주민들의 음용수의 82퍼센트를 공급한다고 하니 엄청난 양이지만 더 이상 채워지지는 않는 상태에서 채수량이 점차 많아져 지하수면이 저하하는 등의 환경문제가 대두되고 있고, 환경지리학, 환경지질학, 농업환경학 등에서 사례로 자주 인용되는 지역이 되고 있다.

소고기 벨트는 인간이 자연적 조건에 잘 적응한 결과로 농업과 목축업이 발달한 지역이다. 그러나 세계 최고라는 미국 농업도 자체적으로 많은 문제를 안고 있다. 강수량이 적은 지역에서의 농경지는 지하수의 과도한 채수, 하천과 저수지의 난개발 등으로 문제가 되고 있고, 캘리포니아의 경우에는 농업용수와 공업용수, 생활용수 간의 마찰도 일어나고 있다. 또 대규모의 기계적인 조방적 농업은 그 규모를 더해 가고 있다. 중산층의 교외화로 농경지가 교외의 고급 주거지로 변모하면서 삼림지와 일반 초지들이 다시 농경지로 전환되는 상황도 새로이 등장한 미국의 환경 문제이다.

TIP

* 조방적 농업(粗放的農業, extensive agriculture) : 조방농업이라고도 하며, 자본과 노동력을 적게 들이고 주로 자연력에 의존하여 짓는 농업을 뜻한다. 쉽게 이용할 수 있는 넓은 토지가 있거나, 농업노동인구가 토지 면적에 비해 상대적으로 적은 경우, 농업의 기계화가 진전되어 노동력을 절약할 수 있고 단일 농작물을 대규모로 재배할 수 있는 경우에 시행된

다. 개척 시대의 미국, 오스트레일리아가 조방적 농업을 실행한 대표적인 예이다.
* 프레리(Prairie) : 북아메리카의 로키 산맥 동부에서 미시시피 강 유역 중부에 이르는 온대 내륙에 넓게 발달한 초원. 동서 길이는 약 1,000km, 남북 길이는 약 2,000km에 이른다. 인디언 거주 시대부터 개척 초기까지는 목장으로 이용되었으나 1870년대 이후 미국의 경제적 발전과 철도망의 건설에 따라 급속히 발달하여 오늘날에는 세계 제일의 농경 지대가 되었다.
* 푄(Föhn) : 산을 넘어서 불어 내리는 고온 건조한 공기. 흔히 산맥을 경계로 기압차가 있을 때에 일어나는데 로키 산맥, 알프스 산맥, 태백산맥에서 많이 볼 수 있다.
* 대수층(帶水層, aquifer) : 지하수를 함유한 지층으로, 모래, 자갈, 실트, 점토 등 공극량이 많은 요소들로 구성된다.
* 화석수(化石水, fossil water) : 지층이 퇴적할 때 함께 들어가서 그대로 남아 있는 물.

참고자료

강대균, 「서해안의 해안사구」, 고려대학교 박사학위논문, 2001.

강철성, 『기후와 인간생활』, 다락방, 2003.

권동희, 『한국의 지형』, 한울, 2006.

권혁재, 「낙동강 하류 지방의 배후 습지성 호소」, 『지리학』 14호, 1976.

_____, 『남기고 싶은 우리의 지리 이야기』, 산악문화, 2004.

김연옥, 『기후학개론』, 정익사, 1987.

남혜정, 「해안 지역의 환경 변화와 관리 방안에 관한 연구」, 한국교원대학교 석사학위논문, 2005.

대한지리학회, 『한국지지 : 지방편 III』, 국립지리원, 1985.

로저 G. 배리 · 리처드 J. 초얼리, 이민부 외 옮김, 『현대기후학』, 한울아카데미, 2002.

마이클 그랜츠, 오재호 · 권원태 옮김, 『엘니뇨와 라니냐』, 아르케, 2002.

미국지리학회, 『지오팩츠 : 내셔널지오그래픽의 진수』, 해냄, 2000.

브라이언 페이건, 남경태 옮김, 『기후, 문명의 지도를 바꾸다』, 예지, 2007.

서종철, 「서해안 신두리 해안사구의 지형변화와 퇴적물 수지」, 서울대학교 박사학위논문, 2001.

신윤호, 「토평천 연안 충적평야의 지형 발달」, 경북대학교 석사학위논문, 1983.

오재호, 『기후학 I』, 아르케, 1999.

윈저 촐턴, 『빙하기』, 한국일보타임-라이프, 1986.

이민부 외, 「두만강 하류 사구의 분포와 변화에 관한 연구」, 『대한지리학회지』 41권 3호, 2006.

이민부 외, 「추가령 열곡 영평천 하류 단구지형의 형성과정」, 『대한지리학회지』 40권 6호, 2005.

이민부 외, 「추가령 구조곡 차탄천 상류와 독서당천의 고지형 분석」, 『한국지형학회지』 10권 3호, 2003.

이승호, 『기후학』, 푸른길, 2007.

이승호 · 이현영, 『기후학의 기초』, 두솔, 2002.

이우평, 『한국지형산책』, 푸른숲, 2007.

이은규, 「서울 동부 개발제한구역의 토지이용 특성 -하남시를 중심으로」, 한국교원대학교 석사학위논문, 2005.

이종문 · 이민부, 『환경교육』, 한국방송통신대학교출판부, 1997.

이현영, 「서울의 도시기온에 대한 연구」, 이화여자대학교 박사학위논문, 1975.

_____, 『한국의 기후』, 법문사, 2000.

장학봉 외, 「바닷모래 채취의 경제 · 환경적 통합평가 모형에 관한 연구」, 한국해양수산개발원, 2006.

정승일 외, 『국제화시대의 세계지리』, 대구대학교출판부, 1999.

정진순, 「낙동강 하류의 습지 환경 변화 연구 — 창녕 · 밀양 구간을 중심으로」, 한국교원대학교 석사학위논문, 2004.

제레드 다이아몬드, 강주헌 옮김, 『문명의 붕괴』, 김영사, 2005.

조화룡, 『한국의 충적평야』, 교학연구사, 1987.

존 휴턴, 이민부 · 최영은 옮김, 『지구온난화』, 한울아카데미, 2007.

지광훈 외, 『위성에서 본 한국의 지형』, 한국지질자원연구원, 2007.

최영준 · 최원석, 『풍수, 그 삶의 지리 생명의 지리』, 푸른나무, 1993.

피터 W. 프렌치, 유근배 옮김, 『해안보호』, 한울, 2007.

Fairbridge R. W. ed., *The Encyclopedia of Geomorphology*, Huchinson & Ross, 1968.

Patterson, J. H., *North America*, Oxford Univ. Press, 1994.

Bird, E. C. F., *Coasts*, Blackwell, 1984.

Huggett, R. J., *Fundamentals of Geomorphology*, Routledge, 2007.

'유용원의 군사세계' (http://bemil.chosun.com)

이민부의 지리 블로그

펴낸날	초판 1쇄 2009년 2월 27일
	초판 8쇄 2019년 10월 4일

지은이	이민부
펴낸이	심만수
펴낸곳	(주)살림출판사
출판등록	1989년 11월 1일 제9-210호

주소	경기도 파주시 광인사길 30
전화	031-955-1350 팩스 031-624-1356
홈페이지	http://www.sallimbooks.com
이메일	book@sallimbooks.com

ISBN	978-89-522-1096-8 03980

살림Friends는 (주)살림출판사의 청소년 브랜드입니다.

※ 값은 뒤표지에 있습니다.
※ 잘못 만들어진 책은 구입하신 서점에서 바꾸어 드립니다.